塌缩

ADA 研究中心 编

中国电力出版社

ADA

理念空间设计

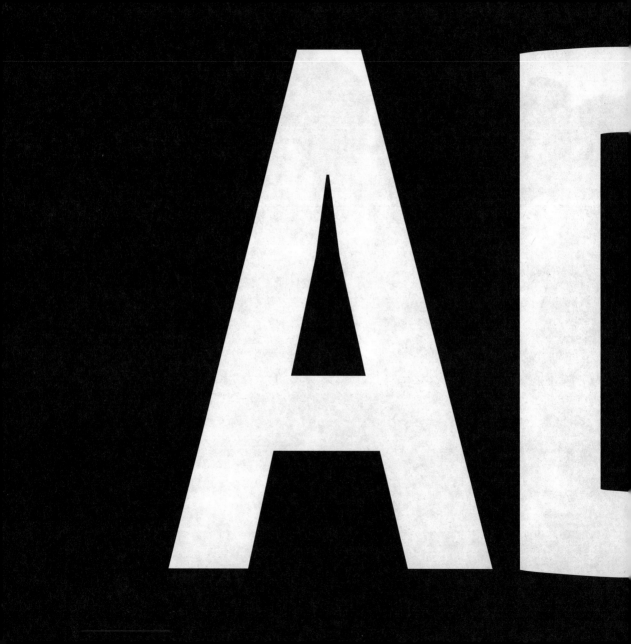

目录
CONTENTS

020 塌缩

024 理念

038 研究所

463 论文　440 调研

574 ADA 作为现代的样本

348 声音
　351 读书会
　361 展览
　391 讲座

418 系列出版

482 空间改造
　485 研究室改造
　493 车间 + 画廊

532 大事记

514 互动交流

SE

由于时代的变迁，观念以及视点的转变，对世界的认知正在从实体的空间拼接与相互作用，向不可见能量间聚合与相互扰动的理解方向深化。以往观念中根深的绝对、固定的连续统世界的理解，正在向相对、飘浮的离散世界切换。 以牛顿为代表的经典物理学体系中所描述的曾几近完善的宇宙模型，进入 20 世纪后被以爱因斯坦为代表的现代物理学广泛拓展，科技与社会的趋势借由信息科技的发展在更加广泛的意义上从可控的整体向心模式，走向以每一基本粒子为中心的离散状态。而当一个一个基本粒子的能量辐射与外部向内的压缩达到平衡时，能量的缠绕形成释放炙热光线的恒星。塌缩是通往能够吸纳恒星能量形态过程的动态描述，也是重新审视每一个基本粒子价值的契机。

CONC

PURPOSE

Graduate School of Architecture Design and Art (Graduate School of ADA) in Beijing University of Civil Engineering and Architecture was founded in Sept. 2013. Graduate School of ADA is a comprehensive research institution devoted to overall research on cutting-edge theories and contemporary works of architecture, design and art. Graduate School of ADA is composed of several laboratories hosted by eminent architects, artists and theory researchers in areas of architecture, design and art.

Currently there are more than ten laboratories covering areas of architecture, design and art under Graduate School of ADA. Furthermore, the ADA GALLERY under Graduate School of ADA is the first architectural gallery in China with academic specialization. It is not only a significant organization where design and art works can exhibit, but also a platform for popularization of architecture culture as well as academic exchange at home and abroad in architecture, design and art.

There's no barrier between students who are came from different majors, and no barrier between teachers who are exploring different areas in this platform. ADA encourage students and teachers to study together, and open all course to the public, due to promote exchanges and cooperation between Architecture, Design, Art and other related subjects. Scholars are also the administrators here, ADA want to seek cooperation with different social sectors in teaching and research.

宗旨

北京建筑大学建筑设计艺术（ADA）研究中心成立于2013年9月，是一个针对建筑、设计、艺术及其相关领域的先锋理论与现代实践进行整体研究的综合性研究机构。ADA研究中心实行研究所制度，集聚建筑、设计、艺术领域的优秀理论研究者及建筑师和艺术家来主持各自相关方向的研究所。

ADA中心现共设立十余个研究所及两个研究会，涉及与建筑、设计及艺术相关的多个研究方向。此外，ADA中心所设立的ADA画廊，作为中国第一个拥有广泛专业性和学术性的建筑画廊，是重要的艺术设计成果呈现场所的同时，更是建筑文化普及与国内外建筑设计与艺术领域的学术交流平台。

该平台不设置学生学习的边界；不设置教师研究领域的边界；鼓励师生共同研究；向社会开放ADA的教学和讲习内容；促进建筑、设计、艺术以及相关多学科的交流与合作；学者就是管理者；在教学与研究中谋求社会各领域的参与及合作。

ADA 研究中心组织架构

北京建筑大学建筑设计艺术（ADA）研究中心的组织架构分为四个主要板块。其中"ADA 研究所"板块中包含了 14 个不同方向的研究所，分别由各研究所主持人负责不同方向的研究及学术工作。ADA 画廊为研究中心下设的研究成果展示窗口，旨在通过持续不断的研究和展览，向中国建筑和艺术界传播北京建筑大学和 ADA 研究中心的声音，形成一个活跃的高水平学术交流平台。ADA 研究会是针对具有极特殊意义且具有广泛讨论氛围的学术对象所设立的学术交流出口，研究会以召集人为核心，组织相关的学术及研讨活动，是内部研究与外部交流的连接点。ADA 杂志为中心将着力发展的学术媒体，其内容将以系统的研究作为基础，通过编辑部的梳理对研究成果进行呈现。

ADA

- **ADA 研究所**
  - 策展与评论研究所
  - 都市形态研究所
  - 现代建筑研究所
  - 当代建筑理论研究所
  - 自然设计建筑研究所
  - 光环境设计研究所
  - 现代城市文化研究所
  - 建筑与跨领域研究所
  - 建筑与自然光研究所
  - 建筑与地域研究所
  - 住宅研究所
  - 中国现代建筑历史研究所
  - 世界聚落文化研究所
  - 现代艺术研究所
- **ADA 画廊**
  - ADA 画廊 gallery
- **ADA 研究会**
  - 现代建筑研究会
  - 勒·柯布西耶建筑研究会
- **ADA 杂志**
  - ADA 杂志编辑部

策展与评论研究所

方振宁

国际著名策展人,毕业于中央美术学院版画系,曾任职、任教于国内重要文化机构及著名高校。现为ADA研究中心策展与评论研究所主持人

都市型态研究所

齐欣

著名建筑师,毕业于清华大学,后留学法国获文化与艺术骑士勋章。齐欣建筑设计咨询有限公司董事长、总建筑师。曾任教于清华大学,中科院大学客座教授。现为ADA研究中心都市形态研究所主持人

现代建筑研究所 / 研究会

王昀

著名建筑师,毕业于北京建筑工程学院,后留学日本获博士学位,方体空间工作室主持建筑师,现为ADA研究中心现代建筑研究所主持人、现代建筑研究会召集人

当代建筑理论研究所

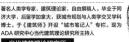
刘东洋

著名人类学专家、建筑理论家,自由撰稿人。毕业于同济大学,后留学加拿大,获城市规划与人类学交叉学科博士。于《建筑师》开设"城市笔记人"专栏。现为ADA研究中心当代建筑理论研究所主持人

自然设计建筑研究所

朱锫

著名建筑师,毕业于北京建筑工程学院,后留学美国。朱锫建筑事务所主持建筑师,密斯·凡·德·罗建筑奖评委,哥伦比亚大学客座教授。现为ADA研究中心自然设计建筑研究所主持人

光环境设计研究所

许东亮

著名照明设计师,毕业于东南大学,后赴日本从事设计工作。栋梁国际照明设计中心负责人,中国照明学会理事。现为ADA研究中心光环境设计研究所主持人

勒·柯布西耶建筑研究会

黄居正

著名建筑评论家、理论家。毕业于东南大学,后留学日本。《建筑师》杂志主编。现为ADA研究中心勒·柯布西耶建筑研究会召集人

ADA

现代城市文化研究所

王辉

著名建筑师,毕业于清华大学,后留学美国,曾任教于中央工艺美术学院。都市实践建筑设计咨询有限公司合伙创始人。现为ADA研究中心现代城市文化研究所主持人

建筑与跨领域研究所

梁井宇

著名建筑师,毕业于天津大学,后赴加拿大工作,美国EA游戏公司电子艺术家。场域建筑工作室主持建筑师,清华大学建筑学院设计导师。现为ADA研究中心建筑与跨领域研究所主持人

建筑与地域研究所

华黎

著名建筑师,毕业于清华大学,后留学美国,曾工作于纽约Westfourth Architecture 和Herbert Beckhard & Frank Richlan 建筑设计事务所。2009年创立TAO。现为ADA研究中心建筑与地域研究所主持人

建筑与自然光研究所

董功

著名建筑师,毕业于清华大学,先后赴德国慕尼黑理工大学和美国伊利诺伊理工大学留学,曾在SCB、理查德·迈耶事务所和斯蒂文·霍尔事务所工作,2008年创立直向建筑设计事务所,清华大学建筑学院设计导师。现为ADA研究中心建筑与自然光研究所主持人

住宅研究所

马岩松

著名建筑师,毕业于北京建筑工程学院,后留学美国。MAD建筑事务所主持建筑师。曾先后任教于中央美术学院、清华大学。现为ADA研究中心住宅研究所主持人

中国现代建筑历史研究所

黄元炤

中国近当代建筑历史研究与观察家,毕业于北京大学。《UED》杂志特约编辑,《AW》《住区》等杂志专栏作家。现为ADA研究中心中国现代建筑历史研究所主持人

ADA 媒体中心

李静瑜

毕业于北京建筑工程学院,后留学美国。曾任职于《建筑学报》杂志社。现为ADA研究中心ADA媒体中心负责人,ADA画廊执行总监

世界聚落文化研究所

张捍平

世界聚落文化研究者,毕业于北京建筑大学。对云南佤族村落、青岛里院建筑进行全面的调查和研究工作,曾于专业杂志发表多篇学术文章。现为ADA研究中心世界聚落文化研究所主持人

现代艺术研究所

赵冠男

现代艺术研究者,毕业于北京建筑工程学院,后于北京大学获硕士学位。对现代艺术的发展源流进行全面的梳理研究,曾于专业杂志发表多篇学术文章。现为ADA研究中心现代艺术研究所主持人

由多种样本
汇成的聚落

北京建筑大学建筑设计艺术研究中心成立于2013年9月，是一个以对设计教育的理解为出发点，力图构建在建筑（Architecture）、设计（Design）、艺术（Art）三个方面（缩写即为ADA）拥有内在融合的学术机构，并针对建筑、设计、艺术及其相关领域的先锋理论与现代实践进行整体的综合性研究。设计教育作为一个大教育门类，其中包含了建筑学、设计学等多种专业和学科。从内部看，设计所包含的各个门类间有着极大的共通性；从外部看，设计与艺术之间有着不能拆分的紧密关联性。无疑，设计教育需要做到内部和外部的连接、综合。ADA中心成立的初衷正是基于这样的观察和理解，试图在传统的设计教育模式之外构建一个将建筑、设计、艺术三个密不可分的方向加以融合的学术平台。在ADA研究中心的构想和构建过程中，我们试图在"组织构架与教师的选聘""各研究机构的教学宗旨""教学方式"及"教学空间"等几个问题上始终贯彻对设计教育的思考。

组织构架及教师选聘

ADA研究中心的组织架构目前分为ADA研究所、ADA研究会、ADA画廊和ADA杂志。其中ADA研究所目前包含了14个不同的研究方向，以主持人为核心展开具有独立性的教学和研究工作。ADA研究会是针对具有极特殊意义且具有广泛讨论氛围的学术对象所设立的学术交流出口，以召集人为核心展开灵活的学术研讨活动，ADA画廊为研究中心下设的研究成果展示窗口，以中心内部自主研究成果为基础，通过定期的具有指向性的展览构建一个开放的学术交流平台。从这个意义上讲，ADA中心的架构方式事实上已经构成了一种由不同研究所和主持人所形成的"聚落"，其每个组成部分相对于研究中心这一整体而言彼此是"离散式"的关系。每一个老师和其所负责的研究单元相对独立，不同教师的教学内容、研究方向作为建筑、设计、艺术这个大领域中的一个"样本"出现。老师根据自己最擅长的方向进行学术研究工作,并对自己所负责的研究领域具有独立的主持权。正如世界上所有种类的聚落,因其形式千变万化,使得在多样的聚落中选择样本对聚落研究而言格外重要一样。我们力求让每一个样本的选取具有代表性而非呈现相互间的协调性与互补性,而每一个个体对于建筑、设计及艺术的不同理解和思考将变为如何带领学生展开研究及采用怎样的教学模式等问题的切入点。这种以具有代表性的样本所搭建的学术平台,是为了在以大纲为标准向学生灌输知识的传统教育模式之外做一个新的尝试。学生在这个平台上所接受的教育是开放的,学生们可以从不同的"样本"框架中看到多样性,抽取和自主选择其所理解的知识,主动构建和完善自己的学习体系,从而更全面地理解建筑,并有机会利用不同设计门类和艺术的视角看待建筑设计的问题,在学习的过程中获得不同视点和角度,并进行自发的判断,最终可能选择出真正属于并适合自己的方向。这个选择不是因为某一个特定学科固定的评价标准所限定的,而是由于站在了这个特殊的平台上做出了选择,是经过了既有指向性课程指导又有自发消化融合后的选择。ADA研究中心所希望的是,尽管各个样本从架构上统一在一个完整的"聚落"中,但每个样本都带有微差,尽可能最大程度地释放一个专业方向在不同学生身上所能体现出的丰富性和多样性。根据当下设计教育的发展和需要,ADA中心的各研究所的研究方向是预设的,因此聘请的教师就是在这些预设研究方向里具有代表性并具有全新视点的人物。每个"聚落"里所发生的生活、产生的文化、出现的特色,就是世界聚落的一个个非常具有代表性的点,一起构成和左右着ADA中心这个如同世界聚落般的整体特征和发展方向。遵循着在组织架构中的思考,ADA中心非常审慎地按照"聚落式"的方式对教师进行选择。可以说,在ADA的教学工作中,教师的选聘是最重要的环节。我们希望每一位被选聘的教师是做不同研究的,并且必须是某一方面的专家,可以很传统,也可以很现代，这是设立 ADA 中心最基本的初衷。选聘的教师能否胜任这个工作的最重要前提和根本原则就是：样本本身是否具有代表性。ADA 中心教师的定位是独立的，这一点恰符合 ADA 的思考——不一致和多样性。不同研究所的主持人职责上独立。教师间可以不存在协同，ADA 中心不强调教师间的相互协同，而更重视每个个体在自己研究方向上的完整性。协同本身不是由教师本人来完成，而是由 ADA 的办公机构完成一些类似于教师教学安排等基础工作的协调。同时，ADA 研究中心的主任是各个教师间的协调人，以及中心平时运营事务和教学工作的组织者。ADA 中心的真正主导者是每个研究所的主持人，他们所带领的不同方向的研究才是给中心带来真正活力的源动力。中心主任和所有教师之间是平行的，并没有从属关系，目前担任 ADA 研究中心主任的王昀老师，他也是 ADA 中心现代建筑研究所的主持人。

各研究机构教学宗旨

ADA 研究所作为中心的最为重要的组成板块，目前包含了 14 个不同方向。方振宁老师所主持的策展与评论研究所，重点培养具有真正独立思考、跨学科、可以在国际领域活跃的独立策展人和评论家。齐欣老师所主持的都市型态研究所关注如何将建成区逐步进行改造、加密，以提高土地的使用效率，期待探讨出一个符合中国国情的、崭新的城市形态。王昀老师所主持的现代建筑研究所探讨现代建筑产生与社会文化机制的内在关联，试图追溯建筑的本源性意义。刘东洋老师所主持的当代建筑理论研究所通过将眼前的事物置入到历史的线索中，以期发现一些当代关于建筑思考的特征。朱锫老师所主持的自然设计建筑研究所试图跨越时空，拨开人类主观赋予建筑的装饰外衣，寻求建筑最本质的内容，探索建筑自然、生态、朴素的本源。许东亮老师所主持的光环境设计研究所在设计师的实践中寻求使照明设计人性化、数字化、智能化的答案。黄居正老师作为勒·柯布西耶研究会召集人,以勒·柯布西耶建筑的思想、作品、生活为线索,审视现代主义发生和发展的历程。王辉老师所主持的现代城市文化研究所研究多元信息化时代的生活方式和行为特征与未来城市发展。梁井宇老师所主持的建筑与跨领域研究所思考新时代中如何从更加多元的视点定位建筑师的角色以及建筑师教育的未来。马岩松老师所主持的住宅研究所通过试验性的研究,探索人的生活行为与住宅这一重要生活场景容器间的关系。黄元炤老师所主持的中国现代建筑历史研究所研究中国建筑在 20 世纪世界建筑发展史上自身的角色和定位。张捍平老师所主持的世界聚落文化研究所将"聚落"作为一种视点和方法而非对象物看待,并试图以"聚落"的方式研究聚落。赵冠男老师所主持的现代艺术研究所重点对现代艺术的发生、发展过程及实践内容进行研究。此外,作为研究中心的重要学术窗口的 ADA 画廊由李静瑜老师担任执行总监,通过持续不断的研究性展览,展示具有学术价值的建筑、设计、艺术等相关方面的创作和研究成果。ADA 教学方式对应着 ADA 中心的架构模式,我们试图使每位教师的教学开展与研究方向同样具有相对独立性,教学内容的融会贯通由学生自己来完成。譬如建筑、设计和艺术的融合并不一定意味着某个授课教师需要全面精通建筑、设计和艺术等多个门类的知识,而只需要将自己所在领域的最独到、最发光的成果讲述给学生,建筑、设计与艺术方面的融合就会自然地在每位学生的自发判断和消化中产生。将属于不同研究方向的资源全部投入到专属的方向中,避免了研究中心内部教师研究方向的类似和重复。由于不同教师对建筑理解存在着多样性和差异性,教授的内容和教学方式及学术立场就会有各种各样的区别。在教学方式方面,考虑到一种新型教学方式对教学场所和教与学对应关系固定性要求会大大减弱,课程的展开方式就有了更加多样化的可能。顺应着这样的趋势,ADA 研究中心的教学采取了公开讲座、STUDIO、读书会、开放学术交流活动等多种方式。经过一年多的实践,ADA 所设计的教学内容和教学方式很适合参与到本科教学之中,但由于目前体制的原因,尚有一定难度，然而 ADA 中心并没有因为有困难而停滞不前，而是依然按照我们设定的目标不断地进行授课模式的探索。ADA 中心所有课程的设置都是连续的，每位教师每学年将进行十六学时（即八讲）的授课，这种授课是以每一讲为一个专题，时间为两到三个小时高强度的讲座。每位教师的每一讲专题都会深入和完整。除讲座之外，ADA 中心还邀请业界专家针对不同研究或教学题目进行对谈和研讨。例如 ADA 中心的读书会，每期都会选择不同书籍并对其进行深入解读。ADA 中心目前举办的各项活动除吸引了本校师生的广泛参与，其学术影响也已波及周边院校及设计院。

ADA 研究与教学空间的改造

ADA 研究中心非常重视空间和教学的关系，因为研究和教学的空间会直接与教学的情景和情境产生关联。关于这一思考，在 ADA 车间和 ADA 画廊的改造中有着非常明确的体现。ADA 车间：ADA 车间的设计十分简洁，力求使所有的建筑色彩和材料成为背景，让教师和学生成为空间的主角，突出在该空间中所传授的教学和科研的内容。这种简洁的教学空间，可以让深入其中的学生体验到如何用最少的花费对空间进行合理的改造。ADA 的读书会活动固定在 ADA 车间二层被称为红场的空间中，在改造之前，红场的位置原本是一个封闭的房间，考虑到读书会应在轻松的氛围中进行，同时也应读书会主持教师的要求，我们将封闭的房间打通，设计成一个有吧台的开放空间。座椅也是一些自由摆放在地上的白色小方墩，学生可以围绕在主持老师的周围，与教师近距离地互动和交流，教学的方式是民主的，由此也创造出一种自由的感觉。这种场景感设置会直接影响学习气氛和教学效果的设想在红场中得到了充分的印证，得到了参加活动师生的广泛认可。ADA 画廊：ADA 画廊是一个专门的、拥有研究性和学术性的建筑画廊。国内至今还没有一个学术性的建筑画廊，我们在进行画廊改造工作前，对学术性画廊的设立进行了多种场景的假设和充分的研究，探索建筑画廊究竟需要一个怎样的尺度这一问题。最终 ADA 画廊的面积保持在 120 平方米，在空间与层高上均与普通商业画廊

形式区别开来。举行过两次展览之后，我们证实了之前对于画廊尺度的选择是恰当的。经过北京建筑大学领导和学校相关部门的大力支持，以及ADA研究中心全体师生们的共同努力，在短短一年的时间里，我们获得了很多经验。每一位老师都十分积极和努力地参与ADA的各方面工作，老师们所给予的投入、热情和支持让我们的工作获得了社会热烈的反响和广泛影响。但这一切说是成果还为时太早，对于一个教育机构而言起码要培养出一大批学生参与到科研中并经过检验之后才能看到是否有真正的成果。ADA研究中心成立以来的一年多时间里所遇到的困难，主要来自于ADA中心的实验性尝试与一些现行的教学管理和研究制度间的矛盾。在工作过程中我们发现，对于建筑学这样一个与文科、工科、理科及艺术科都不同的专业，在其教学的过程中"为国家培养建筑师"这样一个重要目的和目标似乎已经被淡化，设计的教育已经变成一种学问的教育。其实这是因为大量的教师和学者是以研究者的态度展开教学，在学生的学习中缺少优秀设计师参与其中，而这一点实际上成为建筑学教学的症结。

我们也注意到按照现有的教师遴选制度，对于优秀的建筑师和设计师而言是否有资格参与到教学这一问题上，不具备博士学位成为了阻碍他们来进行教学的一个很大瓶颈。我们认为，优秀设计人才的教育培养，其教学不仅需要优秀研究者的参与，同时更需要那些真正在设计实践中获得了重要经验的优秀设计师的参与。如何在这个矛盾中找到一个平衡点，让优秀的实践者参与到设计教学中来是ADA中心面临的挑战和课题。

ADA 研究中心目前下设
究所 / 现代建筑研究会
耶建筑研究会；现代城
住宅研究所；中国现代

RESEARCH

研究所，2个研究会：策展与评论研究所；都市型态研究所；现代建筑研
建筑理论研究所；自然设计建筑研究所；光环境设计研究所；勒·柯布西
研究所；建筑与跨领域研究所；建筑与自然光研究所；建筑与地域研究所；
史研究所；世界聚落文化研究所；现代艺术研究所；ADA 媒体中心。

NSTITUTION

研究所

策展与评论 Curation and Criticism
研究所 Institution

策展与评论是艺术和建筑在传播领域不可缺少的学科，它在当今艺术和发展的过程中显得越发重要，由于这方面的教育在中国比较缺乏，致使许多学生到欧美留学去学习策展与评论。由原来许多学生热衷于报考艺术管理如今转而报考策展与评论的趋势来看，后者更需要一个人的综合才能。策展与评论研究所的创立，是立志于利用现有人才资源，培养具有真正独立思考、跨学科、可以在国际领域活跃的独立策展人和评论家，这是一个培养新的价值观、具有独自视野、扩大国内外人脉和广泛融合各类资源的与时俱进的学科。

Curation and criticism are indispensable in communication in the fields of art and architecture. With its growing importance and absence in Chinese education system, many Chinese students decide to pursue further studies in Europe and America. A lot of students who are keen to apply for art management major change their mind to major in curation and criticism, which actually requires a person's overall ability. The Curation and Criticism Laboratory, is designed to make use of existing human resources in China and to nurture a group of independent curators and critics for the international arena with real independent thinking ability and interdisciplinary background. This discipline aims to foster a set of new values, independent vision, extension in domestic and international network of contacts, and integration of various resources.

方振宁

策展与评论研究所主持人

1982 年毕业于中央美术学院版画系获学士学位
1983 年于中国美术家协会机关刊物《美术》杂志社任责任编辑
1984 年于中央电视台中国电视剧制作中心任美术主管
1984 年至 1988 年于北京故宫博物院紫禁城出版社任文字和美术责任编辑
2004 年成立方媒体工作室,从事艺术和建筑评论及策划
2008 年至今文化部中国对外文化集团委托策划中国对外当代建筑展
2008 年至今执教于中央美术学院建筑学院,教授艺术与建筑比较以及艺术与建筑评论
2011 年至今执教于中央美术学院设计学院教授极少主义艺术课程
2012 年第 13 届威尼斯建筑双年展中国国家馆策展人
现为 ADA 研究中心策展与评论研究所主持人

中国的建筑教育亟需
美学教育

我认为ADA研究中心成立有两个方面需要谈一下。第一个方面，据我所知，在大学中设立这样一个机构好像在中国暂时还没有其他的案例，这应该是由制度上的可行性导致的。这样的机构在我们放眼世界来看的时候，也可以找到类似的例子。所以在北京建筑大学建立这样一个ADA研究中心，能够将建筑、设计、艺术这三个最重要的点结合在一起，其实比较像综合性大学的教学方式。所以，尽管ADA规模很小，并不是一所独立的学校，但是它具有一个新的方向，这个方向是对大学教育的一个改革尝试。是否会在当下得到认可是另外一回事，我认为，想做这个事情，也已经做了这么长时间，有了相当的知名度，而且有这么多人响应这个事情的话，那么这本身就是成功的。

第二个方面，要看到中国的建筑教育中最缺少的就是美学教育，缺乏与艺术的结合。那么谈到这种结合，一般首先就要问，艺术是什么？如果说到艺术你就会想到印象派、立体主义或行为艺术等流派，认为它是与建筑不同的一个学科门类，那么两者的结合就变得很困难。如果你希望从艺术里边获取一种灵感，那么就会有更好的契合之处。因为在视觉艺术系统中，纯艺术的创造是最具有潜在性和前卫性的。打破成见，否定那些对我们来说是僵死的东西，正是艺术所要创造的世界。艺术是对知觉边界的探索，而不是知识的边界。所以纯艺术的纯粹性探索对建筑师来说无疑是非常有帮助的，对他们的思考与观察会有一种启示性。

所以我在ADA这几年的教学实践采取的方法跟别人不太一样，

特别是其中的"旅行就是教科书"系列,课程中会讲我去到哪、去看什么东西、怎么看、怎么找到目标等问题。我这么讲是因为我的知识,或者说我心里的一本教科书,就是这么获得的。我在旅行出发之前不会看书上的文字,是靠直觉进行选择与决定,在结束旅行之后再通过书籍补充。我的教学和课程坚持不能重复任何一个成功的案例,一定要找到自己的切入点。例如此前参加我课程的一名建筑专业的学生,反馈给我一个消息,说在我的课程之后开始关注艺术,同时,在艺术中会偏好极简的作品。这就是一种口味的影响和培养,会有一种潜移默化的作用。

ADA 是难以复制的

我认为 ADA 的课程和架构主要是由师资决定的,老师们根据他们的专业、经验、视野及个人兴趣范围决定他希望讲授和研究的方向。如果没有这些人,可能也就没有这样一个教程,那么 ADA 实际上就是很难复制的状态,就与当时包豪斯一样,没有复制性,只有一种启示性。可以有同样的方向,做类似的教学,但是能否做到这样的水平很难说。如果说 ADA 将来有什么一定要做的,我觉得是要把 ADA 这几年的工作进行梳理,形成可以阅读的文本。因为很多人是没办法到 ADA 来听讲座的,他们会询问就说明他们渴望听到这些课程。

正确的思考方法
来自视野和格局

建筑教育里面需要解决的问题,如果是从个人来讲的话就是思考方法的问题,但是回过头来看,这个思考又是从哪来的?我认为一个正确的思考方法,是由视野、由格局来决定的,这些方面除了与每个人天生的因素相关之外,就是与他阅历的关系。接受什么教育、去哪些地方、获得哪些启示?我想阅读和旅行是十分重要的。不谈制度问题,而从自身来讲的话,我觉得每个人都有自己选择的权利,你选择什么是很重要的,你认知什么东西对你来说有价值,是你个人的问题。所以最终我认为教育还是一个自身的问题。

大学教育不是人生教育的终点

我们的艺术设计类大学一般分为两种功能，一种就像中央美术学院，是培养艺术家的地方。学校希望每个专业、每个学生都成为艺术家式的人才，但现实是不可能每个人都成为艺术家。第二种教育的功能是普及式的教育，就是增加修养、教养，让学生变得有鉴赏力。比如我自己，在进入中央美术学院之前，心里崇拜的是意大利文艺复兴三杰，除此之外我都不懂。我会觉得国画太简单、太单薄，没有表现力。也会认为设计根本不是艺术。现在看这些认知是非常狭隘的，而这种狭隘的出现也正是由于我没有接受过相关的教育。当进入大学，接触到中国美术史、西方美术史等课程时，我第一次看到出土的原始陶质猫头鹰的雕刻时非常震惊。我万万没有想到这样一件几千年前的产物会如此现代。所以我认为大学的教育是十分重要的，会给你基础知识，告诉你文明从何处发源。

另外，大学的教育还有一个非常重要的方面，就是要培养一个人独立思考、独立判断的能力。只有你具备了这个能力，在走入社会时才不会迷失方向。加之符合你的天赋和热情的工作，你将会成为很优秀的人才。所以我认为，教育的问题也不能单单责怪大学，大学就是把一些人凑在一起，老师的教学只是点化，我们需要在那样一个范围里面，去拓展自己，去学到更多东西。不能把大学教育看成一生中教育的终点，教育和读书一样应该是终生的事情。所以大学应告诉我们怎么去看问题，引导我们去学习一种方法。用这种方法来从事我喜欢的各种各样的工作，而不会迷失方向，我认为这是很重要的。

VERSO EST.
★
CHINESE
ARCHITECTURAL
LANDSCAPE
201

激浪派在中
2014.9.26

策展人/Curators:
方振宁/FANG Zhenning
哈利·司透达/Harry Stendhal

马列维奇文献展
MALEVICH DOCUMENTA
2014.11.28-2015.1.10
ADA Gallery

主办 / 北京建筑大学建筑设计艺术 (ADA) 研究中
中国北京市西城区展览馆路 1 号
ada.bucea.edu.cn / 86-10-88301050

光
LIGHT
AND
PEOPLE
方振宁
FANG ZHENNING

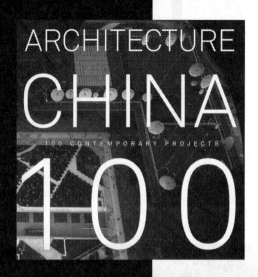

策展重要的是视觉资料的梳理

研究所定位策展与评论研究所,就分为两个方面。一是策展,一是评论。首先,策展是我的专业,除去在两个学校的教学工作外,我主要还是从事专业策展的工作。我在 ADA 画廊也策划了几个展览,现在可能还看不出这几个展览的意义,这需要再过十年至二十年才能够看到。首先 ADA 画廊的这些展览是非盈利的,所以没有甲方告诉你应该怎么做,展览完全是研究性、学术性的定位。我的策展倾向可能与别人不同,相较于文字内容,我更注重的是视觉资料的梳理,因为我认为视觉里所传达的信息量更大。第二个方面就是评论,现在的评论很自由,通过网络的各种平台和手段就可以让大家都看到,所以评论的工作就不仅仅是对本校的学生,每一个阅读者都会受到一定的影响。

2009

HEART-MADE THE CUTTING-EDGE OF CHINESE CONTEMPORARY ARCHITECTURE
by FANG Zhenning (Independent Curator)

15 Oct. 2009 - 21 Feb. 2010

This exhibition was organized by the International Centre for Urbanism, Architecture and Landscape (CIVA), in partnership with Espace architecture La Cambre Horta, within the scope of europalia.china.

2010

RISING EAST - NEW CHINESE ARCHITECTURE 2000-2010
by FANG Zhenning (Independent Curator)

15 Oct. - 28 Nov. 2010, at Buckminster Fuller Dome, Vitra Design Museum

Festival CULTURESCAPES Foundation of Switzerland and the Vitra Design Museum.

2010

RISING EAST - NEW CHINESE A
by FANG Zhenning (Independ

11 Oct. - 21 Oct. 2010,
at Institute of Architecture and

Festival CULTURESCAPES Four LIECHTENSTEIN.

2012

ORIGINAIRE LIVE
by FANG Zhenning (Independent Curator)

29 Aug. - 25 Nov. 2012
Pavilion of China at The 13th International Architecture Exhibition
la Biennale di Venezia

2013

PALACE OF CHINA-ARCHITECTURE CHINA 2013
by FANG Zhenning (Independent Curator)

26 Sep. - 26 Nov. 2013
Exhibition at The HAY Festival, Segovia, Spain

2014

SHANSHUITAN ART MUSEUM
by FANG Zhenning (Independ

May. 2014
Architecture and Changfu Coll

2011

SLOVENIA BORIS PODRECCA CONTEMPORARY ARCHITECTURE
by FANG Zhenning (Independent Curator)

26 Jun. - 24 Jul. 2011, in Beijing, China

2012

ORIGINAIRE
by FANG Zhenning (Independent Curator)

29 Aug. - 25 Nov. 2012
Pavilion of China at The 13th International Architecture Exhibition
la Biennale di Venezia

2014

WOODEN STRUCTURES AND SMART STRUCTURES:
MODULARITY IN YINGZAO FASHI AND FLUXUS PREFAB SYSTEM
by FANG Zhenning (Independent Curator)

Jun. 2014
Elements of Architecture | Central Pavilion | The 14th International Architecture
Exhibition – la Biennale di Venezia ······ OMA Workshop: Reading *Yingzao Fashi*

2014

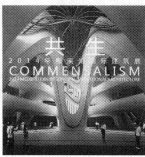

COMMENSALISM – 2014 MEIXIHU EXHIBITION OF INTERNATIONAL ARCHITECTURE
by FANG Zhenning (Independent Curator)

12 Oct. -- 12 Nov. 2014
Changsha, China

风格
是重要的

这个话题就谈论到我们长期以来会讨论的内容和形式的问题。关于风格和时髦在设计中都是存在的。比如中国汉字的演变,汉字确立后写法基本上没有太大变化,但会有不同的字体。实际上这个字体就是风格,就是那个时候很时髦的字体。当其被认可、固定下来就成了宋体、明体、魏体等不同时期的流行风格。我觉得风格是重要的,如果没有风格,没有流行,那就没有时装。人体结构几千年都没有变,而穿在人身上的衣服在变,这就是人创造的一种流行的风格。这种风格的改变就是美在不断改变,把握美的改变最重要的一点就是挖掘对人的这种美的感知的微小部分,捕捉到后把它放大,这就是一个很重要的过程。那么对设计相关专业学生的培养,就需要非常强调对美的感知力,没有这种感知力你就没有竞争力、没有生产力,那么你的价值就不可能得到体现,这是一个连锁的问题。

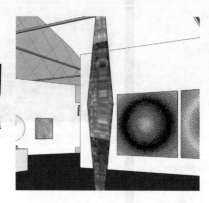

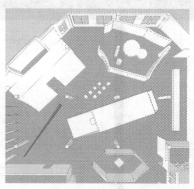

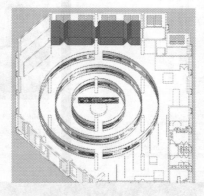

重在训练
抽取本质的能力

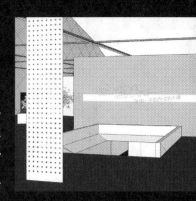

在生活的过程中,你会被迫或主动地做一些事情,后来它们就变成你的一种财富。正如我高中毕业之后去打工,工作是给走廊里写标语,这就锻炼了我对字体的掌控能力和审美上的识别能力,这些积累直接地对我现在的平面设计有着影响。同样的,在本科的版画学习对我影响也很大,特别是在一些非技术层面的影响,它提供了一种观察的方法。

比如画立方体等几何形,你需要用素描的方式,以黑白表达体积感。在版画中你会看到,并不是用传统的素描方法以铅笔磨出来,而是用一种网的编织,疏密与明暗的关系。这种方式就像西方的铜版画一样,这个方法本身就是对描摹自然对象的创作有很大的进步。我认为这种训练和观察方法,使得学习版画的人有了特殊的优势。上学期间做训练时老师会讲,你不能像油画那样,等着你的作品接近对象,因为你的工具和手法都是有限的,你永远接近不了对象。你必须在观察对象的时候,非常迅速地找到抽象的元素、对象的关系,然后把它提炼出来做成版画。我现在的工作的方法都是这样,在一个没有任何标识指导的情况下,把最本质的精髓拎出来。所以版画的训练在这个层面上会影响到评论,影响到策展,影响到设计。关键是一种方法论。

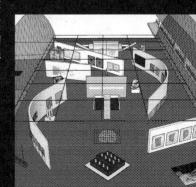

建筑教育应该强调对**艺术**的关注

我想建筑学教育首先还是应该强调对艺术的关注。关注艺术是为了让你从艺术中获得一种方法论去看待事物。我们纵观一些重要的现代建筑师和现代艺术家之间的关系,建筑师受到影响的痕迹都是非常明显的。我觉得现在对年轻的建筑师的培养需要关注艺术。如果反过来看艺术与建筑的关系,那么我自己是艺术专业出身,之后开始变得喜欢建筑,然后就有了我实践中建筑和艺术混合的跨越方式出现。一个人喜爱什么艺术,是一种内心的选择,或者说是遗传的决定。我会对建筑产生兴趣就说明,我自己或多或少会对空间的问题感兴趣。同样的,我在当代艺术的作品中也是对空间艺术有偏好,特别是构成性的东西。

所以你就会在我的策展实践中看到一些材料的使用和空间的构成与我所喜爱的艺术之间的关系。例如阳光板的使用,我将它从一个装饰性的、便宜的用材,变成一个结构性的空间材料,这是一种实验性的操作。这样的实验跟我做艺术的风格是一样的,用一种极少主义的方式,注重材料最基本的构造,来进行设计和思考问题。

旅行有利于发现

旅行是有一笔费用、一段时间、一个目的地。我课程中讲到的旅行的智慧存在于很多你意想不到的事件中。一次次的旅行中都会出现问题,我认为这就会涉及两个方面,一是下一次怎么改进问题,二是因为你不知道会出现什么问题,就需要应对能力和方法的积累。所谓旅行中的智慧,还是在有限的时间和有限的经济条件下,最大限度地获得信息,获得你想要的东西。旅行的时候你要尽量徒步,这样有利于去发现。我养成一个习惯,新到一个城市,我早上起来大都会用两个小时去徒步,看看城市之后吃早餐,这是旅行的智慧。

都市形态
Urban Morphology Institution
研究所

在历经了二十多年的急速建设后，中国城市的发展速度必将放缓，进入调整阶段。这一调整，势必将我们带入一个相对陌生的城建逻辑，即"在城市中建设城市"：将建成区逐步进行改造、加密，以提高土地的使用效率，避免对农田的不断吞噬。那么，我们就要学会在前人留下的城区中进行操作和经营，将不合理的东西转换为合理，探讨出一个符合中国国情的，有着鲜明历史脉络的，并且崭新的城市形态。

After twenty years of rapid construction, the growth rate of China urban development will slow down. This adjustment is bound to bring us into a relatively unfamiliar urban construction philosophy, i.e. "construct the city within the city," which means renovation and increasing density, to improve utilization and avoid eating up more farmland. Therefore, we need to learn how to operate in the already existing urban area and execute the reform, in order to present a brand-new urban look with historical context.

齐 欣

都市形态研究所主持人

1983 年毕业于清华大学建筑系获学士学位
1988 年毕业于法国巴黎 Villemin 建筑学院获建筑深造文凭 CEAA
1991 年毕业于法国巴黎 Belleville 建筑学院获建筑师文凭 DPLG
1994 年起在福斯特（亚洲）任高级建筑师
1997 年起在清华大学任副教授
2002 年组建齐欣建筑设计咨询有限公司
2013 年起兼任清华大学建筑学设计导师
2014 年起任中国科学院大学客座教授
现为 ADA 研究中心都市型态研究所主持人

中国的建筑教育是在培养"工匠"

我认为总体来讲我们中国的建筑教育还是在培养工匠，如果培养工匠也没什么问题，那就需要踏踏实实把工匠培养好。但是事实上我们现在培养出来的学生连工匠也做不好，如果你真需要他把细部、节点考虑清楚，把一个房子做得特别到位，他做不到。可能教学会给他们一些基本的识图、建模之类的知识。但他们连最低标准的房子都不能完成，那么离变成建筑就更远了。实际上我认为从房屋到建筑，像是有一根弦需要拨一下。一个好房子通过建造、开窗、建好后，可能比例稍微调整一点或者平面稍微动一下就突然从房子变成建筑了。但前提条件还是得先会做好房子。可是我们的建筑学教育并没有把学生培养成特别好的工匠，在这样的前提下就已经开始让学生们耍花活了。于是学生会出现我们说的所谓眼高手低。而这里的"高"又未必是一个正确的事。

所谓"高"的部分，我觉得的确是需要培养一个人的思考能力、观察能力、批判能力，然后才是建设和创造的能力。但是在这之前"低"的部分都缺失的情况下，就突然跑到"高"的路上时，只能给这个社会带来越来越多的垃圾。

当然，考虑未来的世界会怎样，思考应该怎样培养学生，其实是

杞人忧天。可能未来的发展是咱们今天根本想不到的,比如人工智能这件事,在未来它可能要取代很多的职业,那时候人不可能跟人工智能拼。因为人的智商到200就是天才。但现在人工智能的智商是一万,没法去拼。那我们跳出建筑教育,更广泛地看咱们的教育整体,如果在这种情况下,我们还只强调教下一代怎么写字、怎么算数、怎么背书等,这些肯定不如人工智能,那么让孩子更多地去学习艺术、音乐等,来提高情操的修养,可能这些修养才是能与人工智能对抗的部分。我觉得人工智能时代到来的时候,建筑作为行业、建筑师作为职业可能不会特别快地死亡和消失,正是因为建筑师应该在做着一个非机器的事。

我时常会接触一些建筑教育方面的工作,特别是这几年会有更直接的接触。我们所认为的中国做得不好的地方,根儿还是在教育。建筑的问题就是建筑教育做得对与不对的问题。中国的建筑教育最大的问题是全国一盘棋,每个学校教的都一样,不会有各种各样的学术思想来产生争论。

现在看中国建筑界好像是一个挺开放、挺活跃的状态,但实际上活跃的后面没有更多的学术价值。换句话说,就是说没有更多的思考。比如对城市的思考,城市中什么样的建筑应该是更积极的?城市中建筑到底应该起什么样的作用?我们更多看到的是一种形象的问题。但我们做建筑教育的时候可能也没办法避免一个根本的问题,就是教学中给学生看的案例,或者说鼓吹的好的榜样,都是特殊建筑。学习中没有一个平凡的建筑被介绍,无形中给所有的学生都灌输了一种思想:"都要做特殊建筑,要做不平凡"。

建筑教育
最大的问题是"全国一盘棋"

我觉得这是一个比较大的问题，导致了我们的城市会特别紊乱。相比之下，你到了日本的城市去看就没觉得那么乱，不会有一种精神分裂的状态。同样，在欧洲也是这样的，欧洲也有形形色色的建筑师在做事，但城市中整体的大关系还是对的。好像这就变成了一个文化或者说是人的素质一样的东西，而从大的社会角度来讲，可能这个东西是我们非常不具备的。

而在建筑教育当中恰恰又没有在这些问题上引起重视。那么建筑师或者未来的建筑师的责任是什么？是否非要做出一个与众不同的、非常特殊的建筑？他有没有关注更大尺度的街区、城市？我想这可能是需要调整但有点儿掰不过来的一件事。

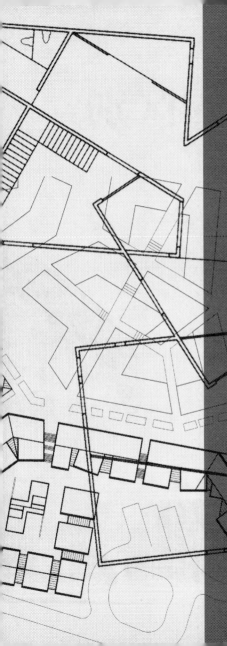

我认为成立ADA研究中心这个努力实际上是一件特别好的事情，因为现在建筑学院都是按照同样的一个范本进行教学，没有质疑和不一样的内容。而ADA中心里的老师都各不相同。他们每个人实际上已经在逐渐地形成自己的一系列观点，这些老师不需要被学院派或者体制认定职称，因为他们各自都已经被社会认可了。

所以这么一波人聚在一起进行教学，是一件特别正能量的事。就像是把建筑学还给了社会。因为这些教学者在社会上通过自己在专业上的实践，已经受到普遍认可。换句话说，就是他与社会互相认可，他已经和这个社会有一个契合，所以ADA的系统更像是通过社会、实践去进行的系统评估，而不是以某种自己的评估系统去进行自我检验。我们这些业余教师回到学校去，会给学校带来一些"正能量"，当然不是说学校内的教师是负能量，但至少那些能量可能会因为固定而逐渐丧失其生命力。

我认为从清华的设计课改革可以看到他们也在做这样的事情，可能同济、天大也在做，但ADA研究中心是一种最极端的方式。因为这是独立于学院运作系统、教学系统以外的一件事。我们不是一个学校，也不是一帮独立的人研究一个多么高深的学问，实际上我们研究的东西，就是和社会最直接关联的问题。

谁都可以对建筑发表意见，既然这样，就需要获得甲方、政府管理机构的认可，然后才能把房子盖起来。也就是说，ADA的老师们都是过五关斩六将，走了一圈了以后被选择的人，而不是自己闭门造车。ADA这时候把建筑学又重新放在了一个它本该放的位置上了。至于ADA研究中心有没有更大前景，能不能广泛发展，我觉得很难说。至少到现在为止ADA的努力是很少人看到的，也不是被正统认可的，只是一个局部。

法语中建筑和房子的区别

建筑和房子在法语中是不同的。建筑一词最早只适用于陵墓,后来就开始逐渐发展成神庙,然后又发展成包含有宫殿,换句话讲,所谓的建筑是给神权或皇权建的,此外都叫房子。是到了19世纪末20世纪初的时候才开始有了变化。比如20世纪后桥梁也可以说是建筑,所以建筑概念现在越来越民主化了。

没有城市形态的形态就是城市形态

实际上，从城市形态角度看我们以前学过的东西，会看到有两种城市形态。一种是欧洲古典城市，一种是亚洲古典城市，亚洲古典城市从北京看，典型就是水平城市。有胡同，穿越胡同之后建院落。如果你到欧洲看，城市从大的角度看不是穿那么多所谓的街墙，一个房子紧挨着另一个房子，都是几层高。现在无论是北京，全国还是亚洲范围内，很显然城市没有往这两种古典的城市形态上去发展，而是发展出来一个万花筒的景象，有些不伦不类。到任何地方都在高低、胖瘦、色彩及风格方面有着混杂的现象，房子和房子之间没有关系。那么引起我的兴趣之处就是，很多接受过比较正统的建筑教育的人都学习过那些优秀城市范例，他们会觉得我们现在就像生活在垃圾堆里一样，无法忍受。

首先我会想这个垃圾堆的状况是不是命中注定呢？因为如果它是一个历史必然的趋势的话，就没有必要做螳臂当车的事。那我们能不能顺着它注定的命去摸出某些变化来？我的结论基本上就是我认了。我觉得就是再做一个巴黎或老北京那样的城市，也是变成了一个乌托邦。因为现在的世界是这样的，现在的人是这样的，现在的城市经济包括环境也是这样的，所以这种乱七八糟的状态就已经变成了一件我们命里面必须要认可的事。

所以我所研究的所谓城市形态，就是这个形态，就是一个没有城市形态的形态。这件事在北京会看得特别清楚，亚洲其他城市也全都是一样的，然后这种情况就会引起方方面面的批评。其中有一个批评就是千城一面，我认为从广义上来讲千城一面是不可改变的，但从局部的角度来讲是可以改变的。我设置这样的研究所方向的想法，就是看能不能像一个魔术师一样，魔术棒一挥，让"乱"从消极的变成积极的，这是我关心的。我想我们批判的大杂烩完全可以是优势，就看你怎么处理。

从另外一个角度来讲，可以去看摄影。不管是二维摄影还是电影的摄影，实际上摄影师找的那些场景往往都是一些破烂不堪的场景。不同于建筑师总去找蓝天白云、干干净净的场景。包括肖像摄影师，也会找皱纹较多的人。所以，我认为面对城市是一个视角的问题，如果你能够发现它的好处，之后用某种手法使得这件事不光你能看到，也让更多人看到，一旦发掘了城市中这种好的方面以后，只要换一个街区、换一个城市就会看到每个地方其实都是不一样的。突然之间就可以是千城万面了。

我们今天的城市状态会是一种必然，还是由于城市最主要的问题是人的问题。比如，试想老巴黎为什么能成为老巴黎的样子？老北京为什么可以成为老北京的样子？老北京和老巴黎都是在强权的状态下完成的，即便是非强权状态完成的威尼斯或者中世纪的城市也呈现出一种整体性，就是由于那个时候社会中的人的文化基本上是一致的。其建设使用的材料和建设技术基本上是一致的，所以总体上会有一种协调。而今天的人则完全没办法定义，人们各异的思想已经不能固定到某一个具体文化里面去了。我记得我们学城市设计的时候，有一个老师在给我们讲课的时候先举了一个电影的例子，一帮人抢银行，其中一人被称作大脑，而大脑始终没在这个电影的镜头中出现，他在指挥一帮彼此不认识的人，他只提供时间、地点和任务信息，然后就特别完美地抢了银行。人们在彼此不认识的情况下合起来干了一件事，就像中世纪的城市，每个个体有其自己的个性，但整体又是一个特别强的整体。电影中的大脑就是城市中的文化，当时的文化促成了当时的城市。我觉得今天我们的城市样貌可以说与规范有关，也可以说是人的意识有所落后，但是不管怎么说都和文化有直接的关系。比如努维尔设计的中国美术馆新馆，旁边同时出现了一个特别有意思的文学馆。我觉得这就特别反映了当今的文化，同时出现古典的和特别现代的建筑。这不是我们建筑师可以左右的，甚至也不是行政能左右的。规划所能左右的事情也是有局限的。

除此之外，更可怕的是可能马上要袭来的一场巨大的风暴，就是城市、建筑等概念在消失。因为我自身已经或多或少地经历了这种变迁，比如说巴黎建了一个图书馆，在图书馆建成那天开始图书馆的职能就死了，现在谁还去图书馆呢？接着可以看到的还有到处在建银行总部大厦，建到一半的时候可能就没有什么银行需要一个总部大厦了。再往后，办公可能也不需要了。于是功能需求在变化，这个变化过程当中，没有功能或者说

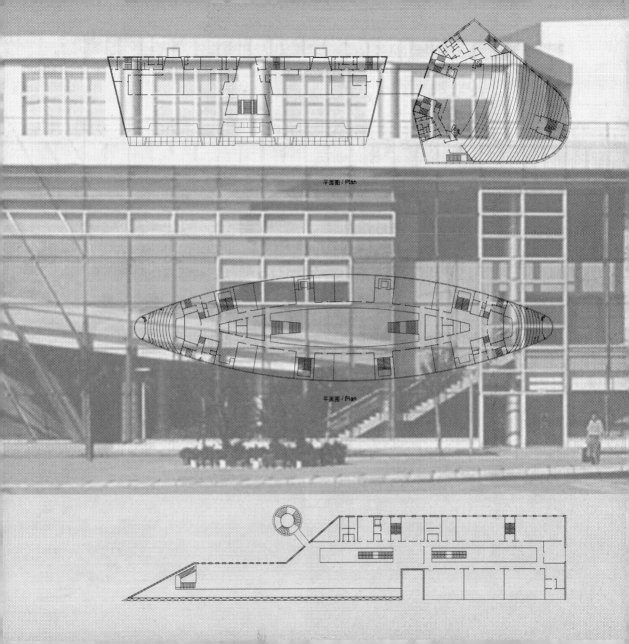

平面图 / Plan

平面图 / Plan

功能不肯定的城市形态可能就出现了。

实际上最后所有的这些原来下的定义就没有意义了。那么人是不是一定要在一个城市里待着？或者说人是否一定要去上班？一切都在变，在这种不确定的大环境下纠结我们的城市应该做成什么样子就变得有点无意义了。总体来讲，我是一个随缘的人，不属于革命性的人，如果谈到一个社会要发展到一个什么样的程度，建筑师的作用是特别微薄的，你可能只能顺着做，争取把你能做到的这点事，做得不比别人差很多就不错了。

谈到未来的城市的话，如果说三十年间的中国城市突然盖出这么多的高楼，产生了质的差异，那么接下来城市在未来的第一个特征就是短期内不会再有质变，可能会是局部的一个个变化。另外就是未来的建筑是什么样的问题。我想这也很难说得清，但总体来讲我觉得建筑会变得越来越临时，这一特征从欧洲看得最清楚。希腊、罗马时他们做房子的时候都给建筑注入了一种永恒性。但现在的房子从建造速度来看生长得太快了，当其生长得特别快的时候，可能消失得也特别快。实际上就是盖一个房子太容易了。但不论什么新技术或新材料，建筑的本质没变，就是一个掩体。因为技术和审美观的变化带来的建筑的变化是一种不会停止的变化，但具体发展成什么形态谁也没法预知。

现代建筑
Modern
Architecture
Institution
研究所

现代建筑的中国之路，在 20 世纪由于种种原因，阴差阳错，始终与西方现代建筑几无交汇。我们重温现代建筑，以一种"同情的理解"深入到历史的内部，触摸现代建筑思想的脉络，探寻现代建筑的深层底流，目的并不在于迻译和摹写现代建筑风格，而是真正地窥知现代建筑产生与社会文化机制的内在关联，追溯建筑的本源性意义。在当下中国超大规模的建设背景下，对于那些现代建筑所留下的丰富遗产，有必要在回顾和思考的同时进行中国现代建筑的研究和实践。

The development of China modern architecture in the 20th century differs from Western modern architecture for various reasons. Now we relive modern architecture, with "sympathetic understanding", and go to the inside of history, exploring the internal connection between modern architecture production and socio-cultural mechanisms and the endogenous significance of architecture. In the context of ultra-large-scale construction in the contemporary China, the rich legacy left by modern architecture is worth being looked back and reflected on along with the study and practice of Chinese modern architecture.

王昀

现代建筑研究所主持人

1985 年毕业于北京建筑工程学院建筑系获学士学位
1995 年于日本东京大学获工学硕士学位
1999 年于日本东京大学获工学博士学位
2001 年执教于北京大学
2002 年成立方体空间工作室
2013 年创建北京建筑大学建筑设计艺术研究中心（ADA）
现为 ADA 研究中心现代建筑研究所主持人
ADA 研究中心现代建筑研究会召集人

当代人的身体中
积聚了所有的历史传统

无论是建筑、设计还是艺术都是由人来完成的。学科的划分在我看来只不过是把一个现象进行了放大而已,建筑设计和艺术其实归根到底都是由人来操作。一个合格的建筑师,其创作的前提恰恰应该是受艺术性的驱使,建筑师应该是一个懂艺术同时也懂设计的人。那么在建筑师身上三个学科就是一个互通的状态,学科的划分就变得没有意义。人是丰富的,人的身上积聚了所有的历史传统,人具有多种可能性,人的一生当中可能在不同的阶段上会展示出他承载的某种历史的内容。我们不去迷信所谓的血统论和遗传的概念,但我相信人的身体内,先祖在不同时代所开发出来的那个活性的细胞中寄存的天赋,就在你的身体当中。它会因为某种外界的环境或是某种内在因素而被激活。所以不要将自己变得狭隘,应还原到人本身去关照自己,去挖掘和发现自己最能够展现自己思想和观念的那一部分天赋。其可以是任何一个方式,可以是设计、建筑、绘画,也可以是文学、音乐等任何一种呈现手段。因为这一切被划分的门类,不过是你所擅长表达自我天赋和观念的一种艺术手段而已。在这个意义上来讲,我们之所以说建筑、设计和艺术需要结合,其实仅说明艺术里面包含了所有手段和门类,是一种综合的、和人最密切相关的状态。

最后有两点需要补充说明一下，一点是，之所以会思考建筑和房子的关系，是因为一直以来这两个概念的混淆不明。比如在设计教学中，历来接受和提倡的都是所谓功能主义的教学理念，而当我们没有办法用这样的一种教育的方式让更多学生获得做出建筑的能力时，就不得不去思考问题所在。思考中你会发现这两个问题间存在着相互咬合的关系。

另外一点是关于将现代主义理解为功能主义的问题，这是一种误解。这种误解的起因，就是当年在美国办了一个展览，叫"国际风格建筑展"。这样的一个节点将现代主义建筑定位为功能主义，将现代建筑看做是从功能出发，进行推理而产生的结果。同时，"现代主义"被看做是一种风格的误解，也是由此次展览会所带来的。

事实上，当我们仔细地去看现代建筑的起源过程时，会发现所有的源流都无一例外是和观念、艺术直接相关的，反而和所谓的功能主导没有任何的关联性。

可能会让人感觉啰唆，但如果过去已经把所有的问题说清楚了的话，那么我们今天的确就没有必要再去谈了。其实我是想说，过去的一切带给我们的只有困惑，我们的这些困惑或许也没有能够聊清楚。可是我认为有意义的就是这个过程，就是把这些困惑一个个通过思考而解决的过程。

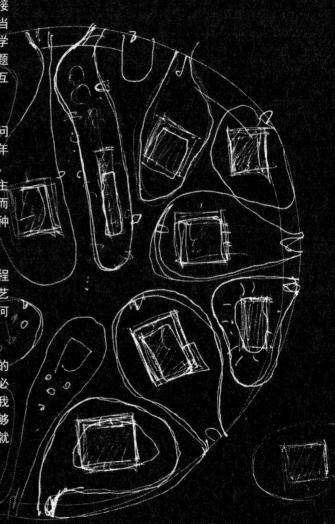

功能消失的"房子"
有可能成为"建筑"

建筑（Architecture）和房子（Building）的异同问题，一直是我们想回避的。但这种回避形成了我们今天建筑实践中产生混乱的根源。回避后，我们不去区分建筑和房子的概念，人们就会用同一个标准来对两个不同概念的产物进行判断。建筑和房子在概念上的区别，应该是在专业人士或理论家的层面进行判断的。我们之所以要思考这个问题，是因为在我们的建筑教育当中，教给学生的知识往往不是建筑的问题，而是构造、功能等技法性的内容，是在教学生怎么去做房子。而随后的进一步矛盾在于，学校对学生的教育是做房子，但对作业的评判却期待他们做出建筑来。

什么是房子呢？其实我也在纠结和思考这个问题。房子可能是要以满足功能为首要前提的东西。比如说做住宅，其设计就会分两个层面。第一个层面，是仅仅为了满足使用需要，强调把功能排布合理，控制良好的得房率，建造中的结构、构造节点及细节都要处理到位。在这样的观念和期待下，所对应的结果就一定是房子。另外一个层面，是以空间作为设计的前提，在完成了空间设计之后，再将功能赋予到空间中去，通过这样的过程做的才可能会是建筑。

在建筑的概念下，功能的赋予应该是在第二位的，空间是第一位的。这个过程中的观念认识是建筑能够出现的前提。当然在此前提下也并非一定能做出建筑。但这是必要的前提条件。从纯粹功能的推导得出的一定会是房子，尽管结果也是一个空间，但这个空间是一个被动形成的结果，是一个房子。我想说明的是，在我看来建筑一定是空间先行，因为功能是千变万化的，在功能的前提下去推导出一个房子本身就很难说通。我认为在空间的前提下，赋予不同的功能进入空间的做法会更有包容性。"抽象的空间概念"和"实用性的思考"谁在第一位的判断，决定了所做的是建筑还是房子。当然不排除以功能为前提所完成的空间最后可能成为建筑。房子的空间可能会由于

一种合理的逻辑推理，客观上形成了非常特有的一个空间状态，这个被转换的节点就是"功能消失"。功能消失，变成纯粹空间的那一瞬间，房子有可能成为建筑。也就是说，只有在空间成为主导的时候才有可能成为建筑。建筑是空间，而不是功能和节点的合理性。这也是为什么往往很多合理的房子，在变成废墟的瞬间成为了建筑。

建筑师
重要的是能做艺术判断

目前我们建筑教育中的一个突出表现，就是从根本观念上仍在强调技术的重要性。换句话来讲，就是将建筑教育定位于培养盖房子的工人或是绘图的工人，而并不是培养建筑艺术家。那么要想培养能够做出建筑的建筑师，就需要教艺术。让未来的建筑师有广泛兴趣的同时，更重要的是让他能做艺术判断。培养学生懂美，懂基本的美的法则，培养建筑师的审美和鉴赏美的能力，在我看来是最为重要的教育工作。除此之外，老师需要传授的就是空间生成法则。获得空间的方法是需要教给未来的建筑师的。培养他们从空间当中去获取艺术感受，同时将观念赋予到空间中进行展开的能力，我认为是极端重要的。为什么一定要讲空间的生成法则呢？是因为在教学的时候我发现，所有学生最大的困惑就是不知道怎么去生成空间。有的老师会让你去悟道，但这样的教学不能让学生找到空间生成的方法。而我认为空间生成的教学，是需要让学生把视野全部打开，从各个角落、各个渠道去获得生成空间的源泉。通过视野的打开解决空间生成的源泉是第一步。第二步就是要训练学生面对一个空间的时候，去读解它，并为不同的空间赋予属于那个空间的观念和使用法则。我认为这两点训练是最为基础的。过程中会始终存在判断的训练,训练他的艺术判断、生活判断及社会经验的判断。这些不同因素的判断，是总体地存在于这个训练过程当中同时进行的，不存在谁先谁后。所以要培养建筑师成为一个丰富的人，让他能从任何一个视角对空间和观念信手拈来，并在自己的头脑当中糅合后赋予到对象物上。我认为这样的训练过程是建筑学教育最需要做的。

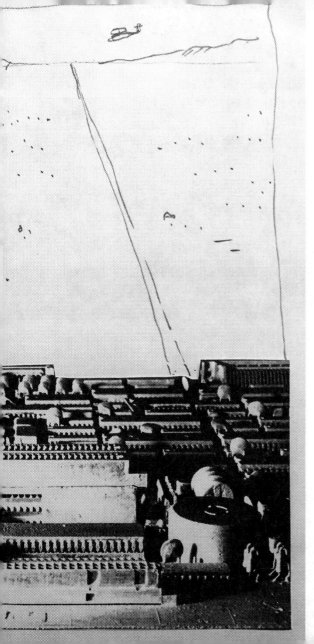

"现代"
非常重要

当下的建筑思潮与整个世界的经济密切相关,现实的情况是:目前世界经济面临巨大困难。之前所倡导的全球化、世界一体化,并没有让所有国家在此次浪潮中获益。从欧盟看,一体化反而使得希腊、西班牙等国家在经济上濒临破产。从美国看,虽然也一直在倡导世界一体化,可十几年后突然发现在这一进程中并没有捞到更大的好处。因此目前能够强烈地感受到整个欧美兴起的反全球化声音。随之而来的,于文化层面的表现,就是走向保守和退缩。英国脱欧、美国保守主义抬头,缺乏长远眼界,只关心局部利益,极端民族主义和国家主义在世界各地出现,并不断地制造着冲突和摩擦。

从中国的角度看,之前多年的全球化进程使中国的国力迅速增长。应该说中国是全球化最大的受益者之一,按理本应成为全球化的倡导者。但问题是,几十年来思想主体层面对欧美话语权的依赖存在惯性,当欧美知识界和文化界根据其本国利益在当下大举走向保守的时候,对他们深信不疑的中国知识界便不分青红皂白地跟随着提倡保守。这样将会面临失去一个由中国率领世界走向

新的现代的机遇。

回到建筑界来看，由于建筑与经济密切相关，当经济衰退时，建筑思潮就会走向保守。美、欧在经济不振的20世纪六七十年代出现的整体退缩的后现代思潮便是最好的明证。

从整体上看，中国的城市化才刚刚开始，而且还远远、远远没有完成，我们的城市距离国际大都市的标准还有非常大的距离。中国应该不断地推进城市化，去倡导全球化，同时还要强调走向现代化。我们的知识阶层所提出的倡导，需要真正地立足于自己国家的发展状态，而不是追随。况且从目前的世界经济状态来看，恰恰已经到了中国去引导世界现代化进程的时候。而如果此时我们的思想还停滞在追随当下欧美学者的价值判断，那这一切就是必须警醒的问题。

也正是建立在这样的思考上，我认为"现代"这个词非常重要。因为"现代"拥有一种不断前进的指向。现代主义的出现是由于科技发展所带来的观念发展，包括了心理学、哲学及艺术的理论等方面的发展，是整体观念发展到一定阶段的一个聚合呈现。这个呈现追求的不再是视觉上的形象问题，而开始关注更重要的"人的认知结构"的问题。就如同化学中发现了不同物质中存在着分子、原子构成的共通性的结构状态。

回到建筑界来说，现代建筑本身也不仅仅是形式问题，而是观念问题。现代建筑追求的是建立在一种普遍的"人"的价值和需求上所产生的结果。现代主义建筑就是追求精准和极致，思考建筑的本质问题。从这一点上来讲，"现代"这个词意味着对根本性问题的追求和把握。其所呈现出的是跨地域、跨民族、跨文化的特征，现代主义是把世界作为一个平等的、没有种族差别和地域歧视的整体来进行思考的，是不分高低贵贱、无等级差别地设立了普遍的"人"作为设计的依据，如同文艺复兴时期理想人的状态。当把普遍的"人"作为共同的标准来对待时，建筑该怎样呈现？这是现代主义所追求和探索的问题。

现代建筑、现代艺术的开拓者们，最早的理想养成，是由于信息的交流和视野的扩大。新的媒介发展，出现了无线电和飞机，当他们与世界范围的不同国家可以进行同时性地交流信息、互换图像时的那种冲击是十分重要的。他们会发现其他地方也有感动自己的好东西存在。我认为这种不闭塞的状态，从某种意义上讲，可以说是一种全球化的状态。一百年前是全球化1.0版本（当然如果将哥伦布发现新大陆作为全球化的1.0版本也未尝不可）。全球化1.0的出现是因为交通与技术的发展带来了环球之旅，媒体、新闻报纸的发展使交流变得频繁，是这些发展让文化信息的传播及人的视野具备了全球化的状态。从这个角度看,近一段时间的全球化进程,实际上应该是全球化的 2.0 状态,两个时代之间有着共同之处。

其实全球化在有了世博会时就已经开始了。19 世纪的水晶宫之所以要求那么大的空间尺度,表面上看是由于要在其中展出从世界各殖民地区搬来的植物。但客观上却让世界不同地方的物品突然在一个相同的空间场所呈现,瞬间让人的视野开阔而不再局限于单一的国家、地域或民族。这种呈现让人们发现并思考,原来世界作为一个整体,还有那么多的人有着不同的生存状态。我们的建筑历史当谈到水晶宫时往往仅看到它所使用的材料是玻璃和钢铁,事实上,水晶宫的内部"凝聚着世界"才是其存在的真正价值。我认为这应该是现代建筑要谈的本质问题,是关键性的概念。在这样的前提下,如果说我们承认人是"平等的"和"具有共同特征的",那么本着"建筑是为人而服务"的说法,关于建筑师该用怎样的方式成为全球化的房子的探索者的思考,是那个时代现代建筑产生的一个最重要契机。

当今天回潮已经开始呈现的时候,重提现代主义、现代建筑非常重要。因为互联网技术的发展,带来的是更加没有距离感的全球化。同时,人工智能的发展可能会在未来证明人的共通性。因为当出现了一个智力最顶级的集合体时,它就会成为圣经中所讲到的巴别塔。它不是某个国家制造的,而是通过世界各国的科学家联合多年的积累所创造的。

同时在中国这样的多民族国家,面对建筑文化的概念时,每个民族可能都会有自己的主张。那么如何在一个多民族的国家里,做出让所有人都能从文化层面上感受到平等的建筑呢?我认为现代主义建筑的观念是可以提供这样的支持和可能性的。更重要的是,这个现代主义建筑是中国人设计的现代主义建筑。不故意强调建筑的民族特征,而是将建筑作为我们各民族都能够在其中愉快生活、感到尊严的房子。我认为现代主义建筑为这样的期待提供了一种最大的可能。

随着互联网技术进一步发展、文化差异越来越小,我们已经迎来或已经踏入全球化的 3.0 未来时代。当人的生活都扁平化以后,建筑在全球化 2.0 之后究竟该如何发展的问题是至关重要的。这个问题除了和居住的人有关,更重要的是和设计师有关。作为设计者会以什么样的状态来呈现建筑,是现代建筑研究所想要思考和研究的问题。

当代建筑
Contemporary
Architectural
Theory
Institution
理论研究所

"以史为镜"是学习和研究历史的一个重要原因。通过对历史上前人的建筑理论进行研究，可以更好地定位当下。而仅仅研究历史上的经验具有一定的局限性，用历史作为背景和基础来看待当下则是更有趣的话题。因此当代建筑理论研究所的主要研究对象是当代的建筑实践及理论，通过将眼前的事物置入到历史的线索中，以期能够发现一些当代关于建筑思考的特征。

"Taking history as a mirror" is an important reason that we study history. With the study of architectural theories in history, we know better about how to position where we are now. A historical perspective on what's happening at this moment is interesting. Therefore, the main object of Contemporary Architectural Theory Laboratory is contemporary architectural practice and theory, in hope of finding out the features of contemporary architectural thinking via historical perspective.

刘东洋

当代建筑理论研究所主持人

1985年毕业于上海同济大学建筑系城市规划专业获学士学位
1989年毕业于加拿大马尼托巴大学获城市规划硕士学位
1994年毕业于加拿大马尼托巴大学获城市规划与人类学交叉学科博士学位
1998年结束在加拿大温哥华谭秉荣建筑事务所的工作，定居大连，并在各校授课
2000年后开始大连城市史调查与研究
2008年后开始网络写作，自由撰稿人
2010年后开始《建筑师》杂志"城市笔记人"专栏写作
现为ADA研究中心当代建筑理论研究所主持人

大小写建筑之争

这个东西历来争论诸多。近的如配夫斯纳（Pevsner）、埃森曼（Peter Eisenmann）。我还可以说一个不近不远的人，拉斯金（John Ruskin）的定义。在《建筑的七盏明灯》中，拉斯金开篇就说，建筑物和大写的建筑之间的差别，就在于大写的建筑，要有装饰。

这句话今天能吓倒一堆建筑师。可是你想想，他是个基督教徒，赞赏的是获得人身自由的中世纪工匠的状态。他所言的大写建筑都是宗教精神的建筑物。他所说的装饰，也不是装潢，而是类似于修行般的献给上帝的带有自然气息的装饰。所以，拉斯金说，区分建筑学跟房屋就在这里。

我其实不想沿着拉斯金的路子回答下去。但我想说这两者关系的问题，比我们想象的要矛盾复杂多了。至少，建筑物和大写的建筑并不是隔离的两个种类，有时，你可以说，所有建筑物都是大写建筑，因为是有人性的东西嘛；你也可以完全不承认这种区别，认为所有大写建筑就是建筑物，总归要符合使用的基本诉求。在我看来，不是这个问题本身有多有趣，而是对于这个问题的回答，如镜子一般照亮了各个时代的建筑师和提问题的那个人的价值观。

也就是说这个问题的底线是一个时代的问题，你会在历史上看到不同时期里，如果你的侧重点放在大众建筑里，Architecture 和 Building 的区别就抹平了，因为可以全都放到 Building 这个概念里面去讨论。但是，如果是阿尔伯蒂的时代，他同样抹平 Building 和 Architecture 的所有区别，但他的目的是把所有的 Building 都当成 Architecture 来谈。文艺复兴的目的就是把所有的房屋都作为 Architecture 来做。我想说我作为教书的人，

在这一点上我是非常冷静的。我研究文艺复兴的时候,一定要知道为什么阿尔伯蒂会把所有的 Building 都当做 Architecture 来谈。所以在这个问题上,我认为给什么回答并不重要,对于我这样一个研究者来说,那个回答者的身份和当时的历史更重要。

如果说我现在怎么看这个问题,我觉得可以将这个问题转一下,就是所谓的职业和学术的问题。我们所大量的商业性建筑其实也做得不够完善。这个问题在现在的国内来看,我认为 Building 和 Architecture 都没有做好。然后,青年人当然有各种流行的美学。比如你要谈美,有人就说我们反美学,当然,这里说的是反传统美学,在某种意义上还是呐喊。人活着总需要点儿尊严,美或许是虚无的,但它都会让死亡稍有些做人的尊严吧。

想象力无法敞开
是我刚出国时的痛苦

我们那个时代的设计师生产是目的明确，过程清晰，要求基本，学生认同，大家快乐。当然，那时是穷乐呵，没得别的选择。你除了国营的大院，也没啥可选择的。连建筑史书，你都没啥可选择的。不过，我们处在变革的当口。所以我们毕业的时候，就出现了各种错位和机会。我出国留学，也就是那时的机会。

国外教育也没有好到不得了的地步。但自由度大是真事儿。想了解什么，学习什么，档案、图书馆，全是敞开的。大学教育是敞开的，师生对话是敞开的。最初两年，我最大的痛苦是，我发现我的想象力无法敞开了，因为被训练的缘故吧。两年之后，这个痛苦的不适感觉才逐渐消失。

比起评论更关注访谈

我自己不怎么长于评论,你什么时候看过我写的评论?我多年来关注的是访谈。你也可以说访谈也是一种具体化的批评形式,那么说也对。简言之,我是没能力向建筑圈隔空喊话的,我能做的就是针对具体建筑人的点评。

积极的评论类似围棋中的"复盘"。建筑师设计时会有各种状态,包括被逼无奈,包括自己一犹豫就做了错误的决定,包括靠直觉完成了某些片段。但"复盘"会把所有这些状态都纳入到比较审慎的小心的仔细的复查过程。你也可以说,这就是康德式批判吧。重要的是条件性与过程性的解读。

我的价值可能对80后们有参考意义

首先我觉得ADA能够让这些老师聚集在一起是很不容易的事情。我这几年直接面向了许多北京和附近的青年建筑师们,基本上是80后。更具体一些,大约是80后的末期或者90后初年的年轻人,有了一定的实践经验,还在渴求思考的年轻人。我的课,多半是讲给他/她们的。希望我这个渴望自由的"闲人"的工作还对他们有用。做"闲人"真不是要偷懒,而是能遵从一下自己内心的劳动节奏。

人文主义时代的建筑原理

（原著第六版）

[德] 鲁道夫·维特科尔 著
刘东洋 译

中国建筑工业出版社

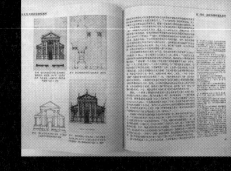

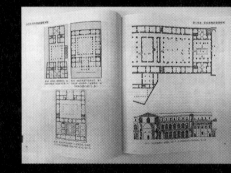

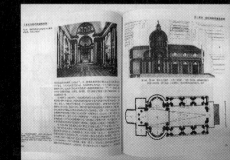

刘东洋译著《人文主义时代的建筑原理（原著第六版）》最初是于 1949 年作为《瓦尔堡学院研究》第 19 卷出版的。第二版则是由 Alec Tiranti 有限公司于 1952 年出版的，该出版社随后于 1962 年出了修改过的第三版。此版由 Academy Editions 出版社于 1962 年再版。1973 年，Academy Editions 出版社为《人文主义时代的建筑原理（原著第六版）》图片进行了重新标号并将之直接插入正文内，以这样新版式的完整版，发行了《人文主义时代的建筑原理（原著第六版）》的第四版。 这一版本里包含了一些维特科尔教授迄今为止尚未发表过的论比例的讲演稿和文章。这些文本是由他的遗孀慷慨提供给我们的。附录四是我们依据维特科尔不同手稿进行摘录编辑成文的。

技术进步
会给青年建筑师带来机遇

近来的世界比较不好玩。黄金一代的西班牙建筑师们步入了老年,HM 这样的事务所开始巨构,伊东的剧场更像水族馆,没了哈迪德的参数化正需要方向。

如果一定要对青年建筑师们说句话,那还是希望他们坚定地拥抱新技术。新技术未必自动带向平等、民生或是生态改善,但新技术对于青年人来说往往创造了许多新的建造机会。正如 20 世纪 90 年代的计算机技术给哈迪德们带来机会那样,相信当下的技术进步会给青年建筑师一些机会。

刘东洋译著《城之理念:有关罗马意大利及古代世界的城市形态人类学》是当代著名的建筑历史学家、评论家约瑟夫·里克沃特(Joseph Rykwert)的建筑理论名著。《城之理念:有关罗马意大利及古代世界的城市形态人类学》是一部有关城市形态学的经典之作,一部可以在许多方面改变人们现有"城市观"的大作,在学术界曾引起很大争议。

城市笔记人的相册

城市笔记人的主页　广播　相册　日记　喜欢　豆列

山上的圣米尼亚托
25张照片 2013-11-04更新

一座30年代老火车站的各种细部
34张照片 2013-11-04创建

Corbu'sOwnPenthouse
28张照片 2013-11-03创建

Carnets
notes that reveal his thinking process
14张照片 2014-08-13更新

To-Rontanda
33张照片 2013-12-09更新

VillaLante&Farnesina
24张照片 2013-11-01创建

Glimpse/Castlefranco
过客心态路过的古镇
26张照片 2013-11-10创建

许多年后仍将记起的拉图雷特夜与昼
令人感动的建筑与环围。

码头
9张照片 2012-12-21更新

广州凌塘村里的违规建筑们
20张照片 2012-12-21创建

别墅的范型
这是建筑史学家James Ackerman写的一篇文章，刊登在1985年那期casabella上，没有英文本。那就先把插...
16张照片 2012-11-07创建

是狭义的"构图"，而是com—,position的建筑要素们。像是——群从先例身上剥离了建筑名称和功能的几何要素，被聚会到位一般，这书的历史墨点在于从文艺复兴开始，搞明白，历史主义的建筑怎么就演化成了现代建筑。有趣的地方是该书对于先例的解读和总结，无趣的地方可能还是类型学解读最终会遭遇历史和现场的阻击。哦，读了后半，我才明白这个法语的parti，最好还是被翻译成"构想"吧。以前，我总把parti翻译成"套式"，但这本书指出，从文艺复兴开始每一个建筑都需要在设计的初始阶段，让建筑师去想像一种能够统领"part"的东西，它叫parti。我想，用"构思"的"构"对着parts，恩是整体性吧。

城市笔记人的读书主页

读书主页 书评 笔记 在读 想读 读过 作者 豆列 | 豆瓣主页

在读 ··· (95本)

读过 ··· (724本)

想读 ··· (177本)

ecology
political
ecology+visual
research
methodology
anthropology+art+architecture
sociology+religion
sociology+
theory
anthropol0gy
geology
psychology+art
anthropology+archaeology
foucault
anthropology+recent
craft
science+philosophy
architecture+philosophy
anthropolgy
furniture
Criticism

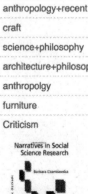

113

历史回到语境，让批评提前

给我带上"理论主持人"名头的，不是我本人，我也不在意。我自己只在做着两件事情：一，我总在反思自己，如果我们不曾附着在具体建筑和建筑师身上，回到历史语境，有着对于对象的深入理解，何以，我可以说，我了解了现代建筑史？难道那不是一张假想的地图而非具体的地点吗？二，如何将所谓的建筑批评提前。如果批评并不是要死磕建筑师，或者就等他们的房子漏了，我们一起看笑话的话，我们是否能够在平常的交往中，特别是在项目初期的彼此私人对话中，把批评提前？我是这么想的，也是这么做的。

理论的价值或许就在这里，就是我能针对某一个建筑师个体的工作状态进行解析时，彼此在对话中都有提高和进步。说明我的写作或批评还会影响到这些青年建筑师。

再看我在 ADA 的那些讲座，讲的内容都是柯布西耶。我之所以研究柯布西耶，也还是觉得我自己当年学习现代主义建筑史没机会学好，而且现在的状况也未必改观，那么我自己去走一走，做一做。你不能认为手上有张现代主义建筑的分布地图就是懂了现代主义建筑史了，地图有时具有欺骗性。没了解过一个具体的建筑师，即使把地图上的名字背下来，也没啥意义。所以我这几年，每年一、两次在欧洲考察的目的之一，就是反复在重走柯布西耶走过的路。

历史的理论并不干瘪

我们总说建筑是需要理论的。那我会把这句话分拆成两句，一个是历史的理论，一个是理论的历史。历史的理论，比如董功在阳溯的项目，在喀斯特地貌当中盖房子，建筑的材料和形式都是自然和几何之间的恰当配置。我和他在现场讨论的就是配置问题。这哪里是个新话题，维特鲁威两千年前就讲过了。可是，我还用了非常当代的剖面方式跟董老师探讨这个话题。说明所谓古典理论是可以当代化的。

反过来看另外半句，所谓理论的历史。比如迈耶，他非常崇拜柯布西耶，算是对柯布研究非常透的一个建筑师了，但他还是会在尺度上出问题，之所以如此，就是因为仍然不够了解柯布的那些手段都是怎么来的，有着怎样的杀伤力。这里，尺度只是表象，了解别人武功秘籍的历史总该算是所谓的理论的历史或是一部分吧。

分工使人人都拥有饭碗

建筑、设计、艺术三者的专业与学科的细分，是大系统为了出条例管制的便利。比如，你分了工，大家的工种就都有自己的活干了。好处是大家都有饭吃，坏处也是人人都有饭吃。那么，有追求的人是不会受这些条块的束缚的。条条框框也束缚不了他们。

我们现在所言的
地域主义
快赶得上欧洲的国家主义

我认为我们的教育两边都没做到位。所谓的职业就像我们过去的大设计院建筑工作,强调建造技术和制图,一种工业化建筑生产的方式。在这方面,现在的大学也并没有真地将工业化生产体系的教育做到位。同时,所谓的学术讨论也未必就把基本概念说清楚了。比如我们现在所讲的地域主义,尺度之大,快赶上欧洲的国家概念了。而且,如果将地域主义当成视觉风格去对待,那肯定是有问题的。在我看来,一地之风向、民俗、生活习惯、日常空间,才是构成地域主义的内容。把这些都排除掉,将地域主义作为符号,我不能认同。

不能认为谁用了那个地方的石材,谁的房子就真的和那里的山水结合起来了。按照规划里的风貌保护要求去做,满足了限高、容积率、材质规定,那也只是及格,而未必是好房子。

我希望未来的建筑学院加速分化和多元化。明明学生是想到你这里来学习先进技术,然后马上就业的,你偏天天给人家一堆有的没的课程;明明希望进来做研究的,进来之后发现除了网上的资源,别的就没了。我总希望,随着建设节奏的变化,教育节奏也变一变,能出一个AA,一个ETH,一个MIT之类的。不要都挤到一条路上去。

AS 当代建筑理论论坛系列读本

TRANSLATIONS FROM DRAWING TO BUILDING AND OTHER ESSAYS

从绘图到建筑物的翻译及其他文章

[英] 罗宾·埃文斯 著

刘东洋 译

中国建筑工业出版社

刘东洋译著的此书是建筑历史与理论家罗宾·埃文斯的文集，收录了作者自 1970 年到 1990 年间颇具影响力的文章。绘图是建筑知识和建筑实践中一个不可或缺的工具和媒介，埃文斯将图视为一个自为的媒介，探讨了不同图示表达与建筑物之间的关系。此外，本书还收入了作者对建筑师与建筑颇具批判性和启示性的分析和解读，以及对建筑与日常生活和社会需求之间具有洞察力的解释。

自然设计
建筑
研究所

Natural
Design
Architecture
Institution

在过去10年间，我的创作实践一直专注于"自然设计"(Nature Inspired Design)的理念，通过对人类早期建造活动的观察、研究、分析，寻求人类建造的自然法则，感知人类在技术文明以前，如何启发于自然，向自然学习，获得人与自然、建筑与自然的高度和谐。一方水土养一方人，一种特定的地理自然条件会孕育一种特定的文化、特定的建筑。这是自然法则，不会因为国家、意识形态、宗教等不同而改变。"自然设计"就是试图跨越时空，拨开人类主观赋予建筑的装饰的外衣，寻求建筑最本质的内容，在远古和当代之间建立桥梁，探索建筑自然、生态、朴素的本源。

In the past decade, my creative practice has been focused on the idea of "Nature Inspired Design", via observation of early human construction activities, research and analysis, to seek for the natural rule of human construction, and to learn about how human beings learned from the nature before technological civilization. Every place has its own way of supporting its own inhabitants and special local natural environment influences local culture and local architecture. This is a natural law, which doesn't change due to different countries, ideology, and religion. The idea of "Nature Inspired Design" is an attempt to transcend time and space, look for the most essential part of architecture, build bridges between the ancient and the current age, and explore the origin of architecture, nature and ecology.

朱锫

自然设计建筑研究所主持人

1985 年毕业于北京建筑工程学院获学士学位
1991 年毕业于清华大学建筑系获硕士学位并留校任教
2000 年毕业于 UC Berkeley 获建筑与城市设计硕士学位
2005 年创建朱锫建筑事务所，任主持设计师
2006 年被古根海姆基金会选为阿布扎比古根海姆博物馆设计师
2007 年被古根海姆基金会选为北京古根海姆博物馆设计师
2011 年被评为"当今世界最具影响力的 5 位（50 岁以下）建筑师之一"
2011 任欧洲密斯凡德罗建筑奖评委
2014 年美国哥伦比亚大学客座教授
现为 ADA 研究中心自然设计建筑研究所主持人

建筑天生就有艺术的属性

建筑的评判会因人而异，只要建筑给我们提供了我们过去从未经历的经验，它就会有艺术的属性。当一个建筑让人感受到了过去的经验里从来没有的内容，我认为这就是艺术家的工作。我认为建筑就必须要创造新经验，从这个角度看建筑天生就有艺术的属性。如果今天我们再建一个跟过去四合院一模一样的房子，我觉得它就不是一个艺术品，而是一个复制品。而当新经验是建筑的一个重要诉求时，建筑就肯定是艺术。

如果建筑是艺术的话，建筑有它自身不同的角度。我认为建筑还是一种经验的艺术，是感悟的艺术，就像中国的绘画。建筑作为一种经验，它不是纯视觉的。雕塑、绘画等艺术形式，是通过视觉传达，让你去感悟。而建筑除了看，你需要从空间、时间、材料、氛围、气味、质感及颜色等多个方面整体地体验、感悟。

阿布扎比古根海姆艺术馆方案

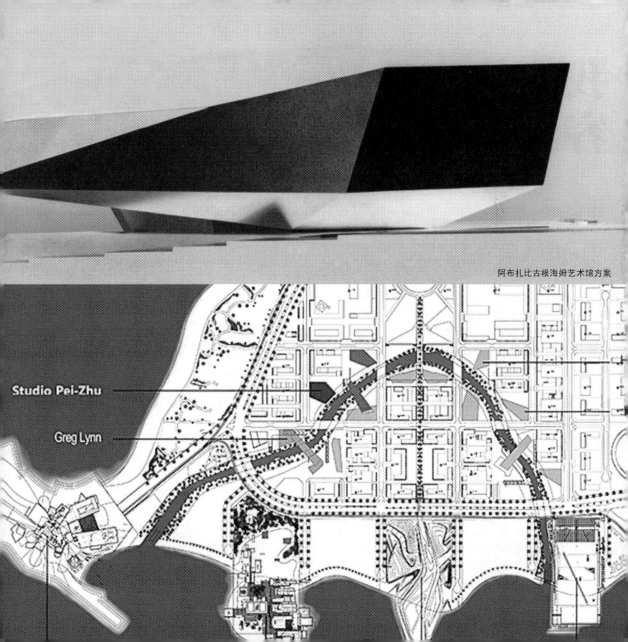

我们的建筑教育
容易走向**职业化**教育

我认为我们的建筑教育一直没有摆脱职业化的思路，没有把建筑师作为艺术家来培养。在这一方面国外的建筑教育会分得更清楚一些，比如某些学校就是职业学校，来培养技术型职业人才。而有些学校更注重培养学生的创造性。

当然，从近几年来看，国内建筑教育的变化很大，如何让我们的建筑多元化可能是中国的建筑教育需要努力的方面。我还是认为建筑教育应该更强化培养学生的创造性及朴素的价值观。

我想如果说中国未来的建筑有一个潮流的话，那应该是人们不管在城市还是农村，都会希望建筑更具有自然的属性，包括历史、文化等各个层面。这样，未来的城市就不会像中国过去的城市一样，只是解决一些技术的、硬性的问题。这可能是未来城市的发展，包括建筑师实验性工作很重要的一部分。

"自然建筑"是指一种自然的态度

"自然建筑"实际上指的是一个自然的态度。我认为建筑要有根源，实际上就是寻找自然建造的法则，寻找文化的根源。一个特定的地域环境，实际上会有一个特定的建造法则，"自然建筑"希望寻找的是这个法则，而不是表象自然。就是说，自然建筑不是简单的绿色建筑，相反，在某种情况下绿色建筑恰恰是一种不自然的建筑。自然建筑的思考源于中国人的艺术精神。举个例子来说，我们今天很容易具象地看待传统，看待我们的城市，看待自然环境。只要讲生态建筑，所有的房子就都要种草，都要做覆土建筑。又如，当谈到我们崇尚自然，就会把建筑做成一棵树。我认为这实际上特别不符合中国人的艺术精神。抽象性是传统中国艺术特别重要的属性，抽象就是把过去我们熟悉的事物进行再创造。以中国的山水画为例，画者不会坐在山前去画山，而是通过游历，然后把他的感悟和经验画出来。他画得绝对不是某座具体的山，而是经过了一个抽象和再创造的过程。我觉得建筑也是这个道理，寻找根源与再创造很重要，这样才符合中国的艺术精神，也符合建筑是艺术的观念。

也就是说，我理解的自然建筑并不是一个形式上的问题，不一定非要做成自然的形态，也不一定做成绿色的建筑。即使是很抽象的、几何化的建筑，只要它遵循自然建造的法则就是我理解的自然建筑。实际上我们每天面对的问题都不同，不一定天天都在树林里建房子，在城市里你同样可以做自然建筑。

法则和道理需要去寻找，而不是自我定义。建筑有主观的成分，但不是纯粹主观的。自然建筑是源于自然的启发，探究隐藏在古老建筑背后，由自然、时间塑造的建构法则、经验，而重新应用在新建筑的建造过程中。

除了气候，"自然建筑"的另外一个根源是文化，一种与文化传统的关联性。如果你的建筑是不自然的，就会跟这个地方的文化格格不入，就会跟这个地方的传统彻底切断。实际上自然的道理浓缩了气候的、文化的、历史的、生存的问题。

蔡国强四合院改造

第十二届威尼斯建筑双年展装置草图

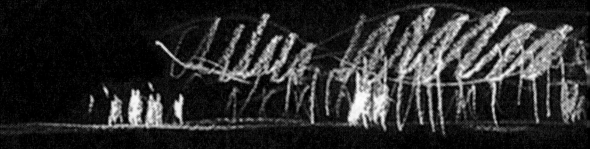

OCT 设计博物馆

数字北京

建筑肯定要有一种新的经验

在我心中 Architecture（建筑）和 Building（房子）没区别，我认为建筑就是房子，房子就是建筑。西方所谓"Architecture"也是以希腊语的"建构"演变来的，是搭建房屋的一门学问。当它成为独立的学问，就有了所谓的建筑。当人想把建筑做得更好的时候，除了解决基本的技术问题，还有自己的偏好要加入到里面，就是建筑学。我们今天所说的房子实际上就应该是建筑，二者都应该去追求自身的价值。我认为二者解决的问题是不一样的，有些房子看起来特别简单，我们会认为它特别不建筑，但也许它有着自己特别的价值。所以我不知道该怎么区别 Architecture（建筑）和 Building（房子）。

我认为 Architecture（建筑）主要说的是建造，反映了一种建筑自身的意义，不管你用的是最基本的方法还是特别复杂的方式进行建造，最终反映的就是这个房子自身的一个态度，一种意义。

两个词语的不同，无非是一个说法而已。说我们盖一个房子，实际上就是在做一个建筑。也许是中文和英文中的两种词语刚好可以有个对应，可以试图去做一个区分，但我想只要是人有意识地去建造，建筑就出现了。作为建筑师会有一种主观建造的想

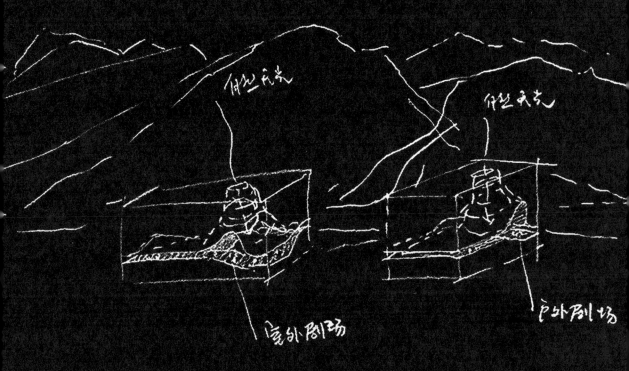

法,不是建筑师的人去做一个房子,可能就没有那么多主观性,但实际上他的建造也反映了传统给他的一种经验。这个经验浓缩的就是一种建造的理念。

评价建筑的标准:寻找根源,塑造新经验。一方面是建筑跟一个特定文化的关联程度,关联越深,人们越容易理解,人们就可以跟建筑交流。另一方面就是建筑还应是一个再创造的过程,不是无限地重复传统,你需要一直探索一种过去不存在的事情。把这两者结合起来,就是我自己评价建筑的标准,"自然建筑"的价值观。你的新建筑看起来不一定是传统的,但当它符合这个地域的气候,产生一种文化上的关联性的时候,人们就可以开始跟你的建筑对话。如果面对一个天外来客,没有语言基础就没法深入交流。同时,两个完全一样的人,也不存在交流的必要。所以建筑拥有新经验,那样别人才会好奇,才有交流的愿望。既熟悉又陌生是建筑重要的属性之一。

北京出版创意中心

我认为建筑的教育应该是强调多元的，教学的体系也应该是多元的。ADA 研究中心的存在意义不是在于其自身，而是在于它和我们中国整体的大的建筑教育体系的关系。ADA 有它的特点，问题就是如何强调这个特点。在我看来 ADA 最大的特点，就是不强调统一的价值观，没有单一固定的教育或者说教学的方向，而是鼓励多元的聚集。ADA 的各位老师背景都不相同，大多数人不在学院的体制内，从社会的实践中积累了各种各样的认知，这样是有活力的。这是优势，一些实践性的建筑师、理论家、奇思怪想的学者、没有机会实现的抱负年轻老师，可能会通过教学将其价值观传达给年轻人，我觉得这就是一个特殊的角度。当然，这也会有相应的缺点，就是我们很难形成一个系统教育，想把它当做一个学校，我认为还是很难的。

我们的建筑教育特别关注最后的结果

我们很多优秀的学生,从可塑性上来看,绝对不比哈佛这样学校的学生差。无非我们可能有一点差距,就是我们在培养学生的时候没有那么多元,价值观比较单一。所以就会有很多有着各种各样天赋的学生,最后都走到一个路径上去了,制约了很多有天赋学生的潜能。

这种单一化的价值观,也反映在我们特别关注学生最后给我们呈现出来的是什么。学生就会只关注形式,从而失去对建筑本质的探索。建筑作为一种经验艺术,如果它的空间、触觉、光线、材料得不到关注和认识,建筑就失去了意义。

景德镇御窑博物馆

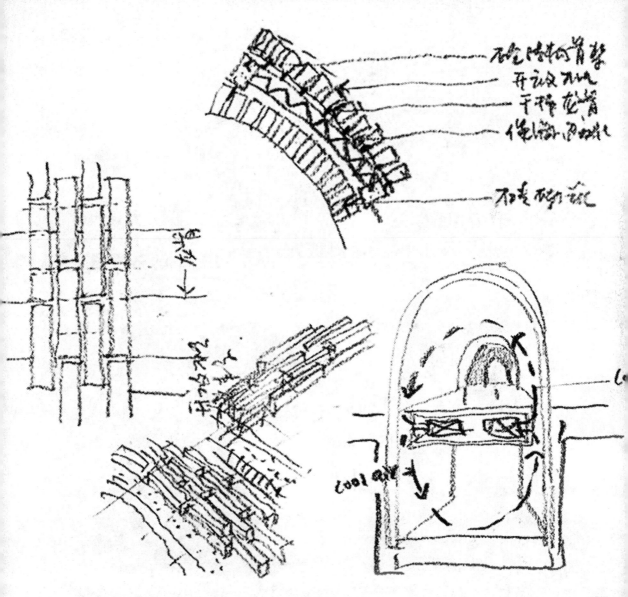

下图：朱锫工作室内模型制作场景
右图：朱锫事务所实践展

光环境设计
Luminous
Environmental
Design
Institution
研究所

光对于人类生活有着不言而喻的重要性，而光环境的探讨更是对研究现代建筑有着举足轻重的作用。自美国早期现代主义建筑大师们始，借力照明设计师来完善自己的作品已渐成常例。如此一来，建筑空间与光的应用得到了更全面且深邃的解析与思考。如今，天然光的控制技术已有长足进步，而人工光的发展业已进入LED时代，但是光环境的设计研究在当下的建筑学领域仍是一个需要重视与强化的课题。随着都市夜生活的兴盛，从街市夜景到室内空间，人工光的应用已跳脱了纯粹功能层面而生发出景观性的需求。如何使照明设计人性化、数字化、智能化，设计师仍在实践中寻求着答案——这正是光环境设计研究所存在的意义。

The importance of light for human life is obvious. Discussion about light environment plays an important role in the study of modern architecture. Starting from early American modernism architects, more and more architects enrich their works with the help of lighting designers. In this way, the application of architecture space and light has been comprehensively and profoundly analyzed. Today, the control technology of natural light has achieved significant progress, and the development of artificial light has entered the LED era. However, the study of luminous environmental design still needs more attention. With the rise of urban nightlife, the application of artificial light is not only purely functional but also for the beauty of landscape. It still takes more practice to make lighting design humanized, digitalized and intelligent. This is exactly the point of luminous environmental design laboratory.

许东亮
光环境设计研究所主持人

1985 年毕业于东南大学建筑系获学士学位
1988 年毕业于哈尔滨工业大学建筑系获硕士学位
1991 年赴日本从事设计工作
2005 年成立栋梁国际照明设计中心，任中心负责人
中国照明学会理事
现为 ADA 研究中心光环境设计研究所主持人

建筑师也应该关注
自然光之外的光环境

关于光环境设计我有几点感触。因为我是从建筑学叛逃以后做灯光设计，接触项目多了后会遇到很多搞建筑的同行和同学。他们会惊讶为什么一时间会出现这么多的照明设计师。因为以前他们都是自己做设计，然后请厂家帮助深化照明细节。因此他们对照明设计专业性的认识，没有上升到有设计师的级别。照明设计是因为专业复杂之后才分出来的、幕墙设计，甚至装饰设计等亦如此，这样的细分不能说是好还是坏，它是一个专业化分工的过程。事实上建筑师对人工光的关心是不够的，建筑师会更关注太阳光。阳光介入建筑，会给他带来非常好的空间感觉以及非常好的空间与造型的照片，这对宣传是非常好的。而谈到人工灯光有什么效果，他就会认为这只是技术问题。太阳光是神圣的，而灯光是人在操作，有些像演戏的状态，所以再做成什么样也会让建筑师觉得没有什么学术上的成就。因为即便灯光做不到位，以后你可以重新操纵它让光到位。但是人不能直接调节阳光，如果你在建筑设计时算清楚了，诱导一束光打到某一个特定位置上就会很震撼。即便如此，在现代生活中毕竟我们从晚6点到12点这6个小时还要用灯光，空间的灯光环境，也必然会作为建筑师作品的一部分。建筑师的主动设计会比灯光设计师的定位更准确，更加符合建筑的整体感觉，所以我希望建筑师像关心日光一样关心灯光。

早些时候想到搞一些活动论坛,让建筑师也认识到灯光设计师,建筑设计中也要思考人工操作的灯光环境这方面。用实践影响建筑师,让他们逐渐认识到除了自然光还需要关注人工光的问题,就像关注材料问题一样。另一方面通过学校,让社会上的人才愿意来学习、了解灯光与光环境的问题,对他们形成反向促进的作用。通过办一些讲座,逐渐渗透。当然,其缺点是社会上活动的人进入学校里的机会很少,不可能完成系列化的培养。但同时,也想到让社会中实践的人跟学校联合起来,比如参与学生毕业设计的课题,以真题的形式,而不是自己设定一个虚拟的空间打光。ADA 的光环境设计研究所也希望感兴趣的学生,可以把这个通道利用起来。第三方面,对于我自身来讲,这个教学的过程也由此进入学校的教育体制中,让自己接受教育,看里面有什么新的启发性。

全面的理解
促成整体的和谐

人到了一定的年龄，更多的是理解力和包容力的累积，我觉得经历与经验是一种营养。ADA就好比聚集了很多营养的组织，学生在这样的营养环境中可以成长。经验的聚集非常重要，包括我们跟社会的广泛接触使我们获得了比较全面的视野，尽管在一些方面看起来也许不够学术。我发现实践经验少的设计师一般视野比较窄，他所考虑的东西往往没有顾及社会的需求，对业主需求的考察和解读也会比较少，可能更多的是从他认为的建筑学的状态来满足自我的理想。他们觉得往往越解读业主越发现他不专业，越解读越发觉不符合建筑学，越解读越发现不够Architecture。于是会漠视业主，产生了好多的矛盾。当然这个矛盾的激发也会产生好东西，这不是错误的。但从另外一个角度来看，我们需要更多地理解社会。为什么民居会漂亮，是因为所有老百姓都会理解对方，理解规则，理解自己所处的状态，能预料他人行为的结果。这种全面的理解就形成一个整体的和谐状态，就产生了所谓的和谐之美。一旦出现无法理解和无法预料，你就发现民居会失去和谐状态。当有人外出挣钱，在经济上和见识上已经完全凌驾在村人之上后，形势就会完全改变，促成固有形式的瓦解。当这个变化太快时，会导致我们认为的传统美的消失。

美学的修养和素质是人类文明长时间积淀的结果。过去美学的积淀是漫长的时间内大家共同认知，感觉舒适自然而承袭下来的，或者是多少年不变的东西长期被认知而积淀下来的。现在的积淀时间则显然不够，这个美就没法被大家普遍认知，和谐之美就随之涣散了。

风格是皮 必须要有根本

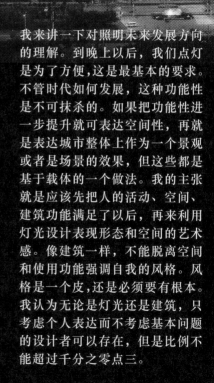

我来讲一下对照明未来发展方向的理解。到晚上以后,我们点灯是为了方便,这是最基本的要求。不管时代如何发展,这种功能性是不可抹杀的。如果把功能性进一步提升就可表达空间性,再就是表达城市整体上作为一个景观或者是场景的效果,但这些都是基于载体的一个做法。我的主张就是应该先把人的活动、空间、建筑功能满足了以后,再来利用灯光设计表现形态和空间的艺术感。像建筑一样,不能脱离空间和使用功能强调自我的风格。风格是一个皮,还是必须要有根本。我认为无论是灯光还是建筑,只考虑个人表达而不考虑基本问题的设计者可以存在,但是比例不能超过千分之零点三。

肥料和杂多的东西
积淀在一起才是沃土

在世界各地游览建筑时会发现一个现象,就是雅典神庙与盖里的路易威登博物馆同时空存在,会发现不同时代的很多东西是并列的。在高校的教育中,很多事情也是并列的。比如发现学生仍然在学我们80年代的渲染图技法,同时也用数字化设计软件做一些非线性设计的模型,不同时代的事物仍然是并列的。老师也是这样,同时对应着不同时期的教学内容。这正是我们现在教育中面临的这么一个杂陈的关系,我认为这种状态在某种意义上是好状态,没有坏人的好人是不存在的,需要相对来看。我们不能因为传统的水墨渲染太落后就把它摒弃掉。此外,教学改革一定要跟最先进的教学结合起来,要符合国际的新潮流。我觉得杂多反而是教育的正常现象。

对于建筑学教育改革,很多时候大家认为建筑学现在这样是不行的,然后就采用切除的概念,要么认为过去的不行,要么认为现在的不行。我认为这样的一线划开太浅,一定是肥料和杂多的东西积淀在一起才成为沃土,才会有树长起来。尤其建筑跟艺术这种概念不明确的学科,就更不能彻底下一个定义。你定义了就是错误的,就把所有的可能性都消灭了。教育的系统要杂,要有不确定性和模糊性。在ADA中心这样混杂的大团体中,会发现每个老师都有不同的一面。

建筑师也需要关注光

我们做了一个项目,有同行去参观,他说这个灯光设计好像后面有谁的影子,说明灯光设计也有个体性格。从这个角度看,我认为灯光设计也有格调区分。我做设计的时候习惯把灯光设计叫布光,通过布光来解释建筑,而不是通过计算满足功能的需求。布光就会考虑边界、空间的关联和室内外的呼应等问题。上升到专业层面,实际上回归到建筑学的理解,就是用光来诠释空间。建筑师和灯光设计师虽然是分开的职业,但建筑师也需要关注光的问题。很多建筑师的理论都与阳光有关系,但他们一般不会将建筑与灯光的关系上升到理论的层面。如果一个灯光设计师处理好了灯光与建筑的关系,那么他就是灯光界的建筑师。如果处理不好,只是让建筑有功能性的照明,那就只是做了一个工程师层面的工作。实际上长期以来我们的灯光设计是学电专业的人来完成的,就是通过一个空间的面积、高度来配合空间的功能,进行规范化的计算,得出空间需要多少流明的照度,用这样的逻辑来设计灯光,那这个光肯定是没有性格的,相当于 Building。如果要理解光的话,就需要考虑空间。墙有封闭敞开,有高低,空间中人的行为是不一样的。人多的地方光该是什么样,人少的地方光又是什么样。这样去思考的时候,我觉得灯光设计很快会上升到建筑中所对应的所谓 Architecture 层面。

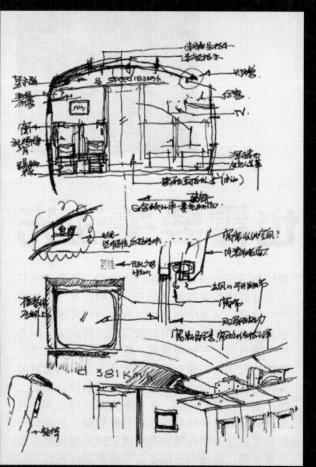

社会上的实践者参与教学是一种补充

首先成立 ADA 会引发我自己的一个思考。我此前没有正式当过高校老师,不知道学校是否有一个明确的定义:究竟是讲课重要,还是搞研究做论文重要?另外,在学校里面究竟是专职老师好还是在社会上有兼职的老师好?目前学校里面还是专职老师占大多数,他们的课程教授是长期形成的一套体系,但难免会面临封闭的问题。那么从事实践的经验者,如果来参与教学,势必可以对这种封闭有所触动,所以我觉得 ADA 成立的初衷可能也是这样的。社会上的实践者首先是亲力亲为的人,如果能够对专职老师形成的体制产生一些影响,这样的话对学校教育是一种补充,也让学生未来能够到社会上落地。年轻人能够预先知道社会上的天地,是非常好的事情。同时,我自己加入 ADA 以后,与不同领域的这些老师们相互之间的交流也是一种学习。学校允许成立这样的机构,我认为是明智的,具有开拓性。

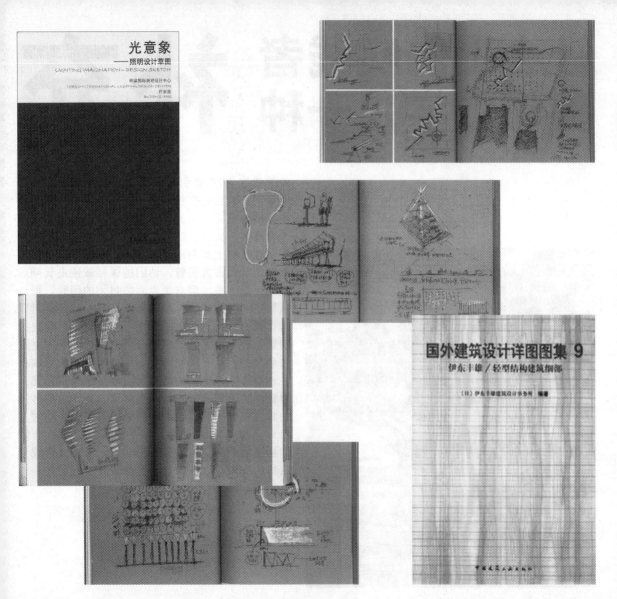

《光的表达》是了解照明设计过程的入门书,结合文字、图片、图纸等内容深入浅出地说明照明设计的历史、发展、涵盖的工作,列举了照明设计项目从构思到完成的全过程工作内容的表达方式。书中汇集的设计案例包括公共建筑、城市景观、室内空间和光装置艺术等,包含构思草图、设计表达、实施过程、完成效果等内容。从天然光的感悟到人工光使用需求的理解,从光源灯具技术的发展到照明设计表达的传承。

《光的理想国:光探寻》介绍了世界夜景状况,向读者呈现不同载体的夜景观赏要点,展示灯光的文化性、专业性,以及灯光设计的手法,并且对灯光鉴赏提供专业指导。

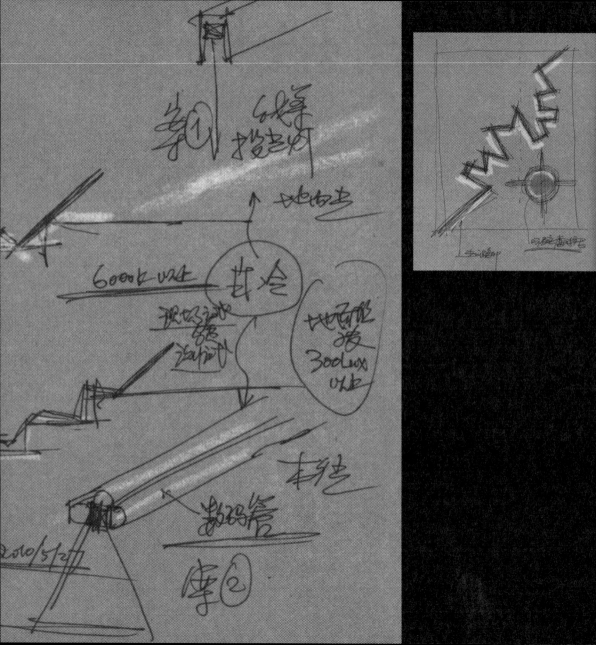

设计中强调艺术是因为缺失

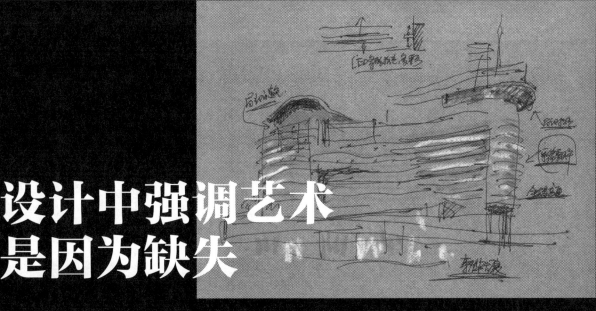

有人说定义建筑和艺术非常困难。但我认为在设计中体现专业性和品位的时候,实际上设计就包含了艺术性的思维,包含了修养。正如我们把传统的经典读好,再说话的时候就包含了一些功底方面的修养。正如ADA以大的设计概念为龙头,这个设计里面一定有艺术、建筑、人文、文化的东西综合在一起。之所以强调艺术性,是因为过去的设计中这方面严重缺失,建筑曾一度被看做是工业或民用工程。当年我大学毕业以后曾到访一个县级小设计院,看到一个住宅楼设计,我好奇地看他们的施工图。我去请教一位负责的设计师,共有几个专业参与设计,是不是有建筑学、结构、水暖电等专业合作?他回答说没有,而是他一个人把施工图全包了,因为他是搞结构的。那么这个房子当然是一个普通的建筑,相较于艺术的成份,可能工程的成分更强一些。但是当上升到一个更大的层面的时候,就需要所谓的艺术性,就要看你的修养够不够,你能不能把建筑创作上升到一个有艺术高度的层面。当然,建筑作为一个空间使用的时候,它存在的方式、展现的场景本身就是一个文化的载体,与艺术必然有关系。当你从艺术和建筑的角度切入的时候,那么其本身就冠以了更高层次的需求。

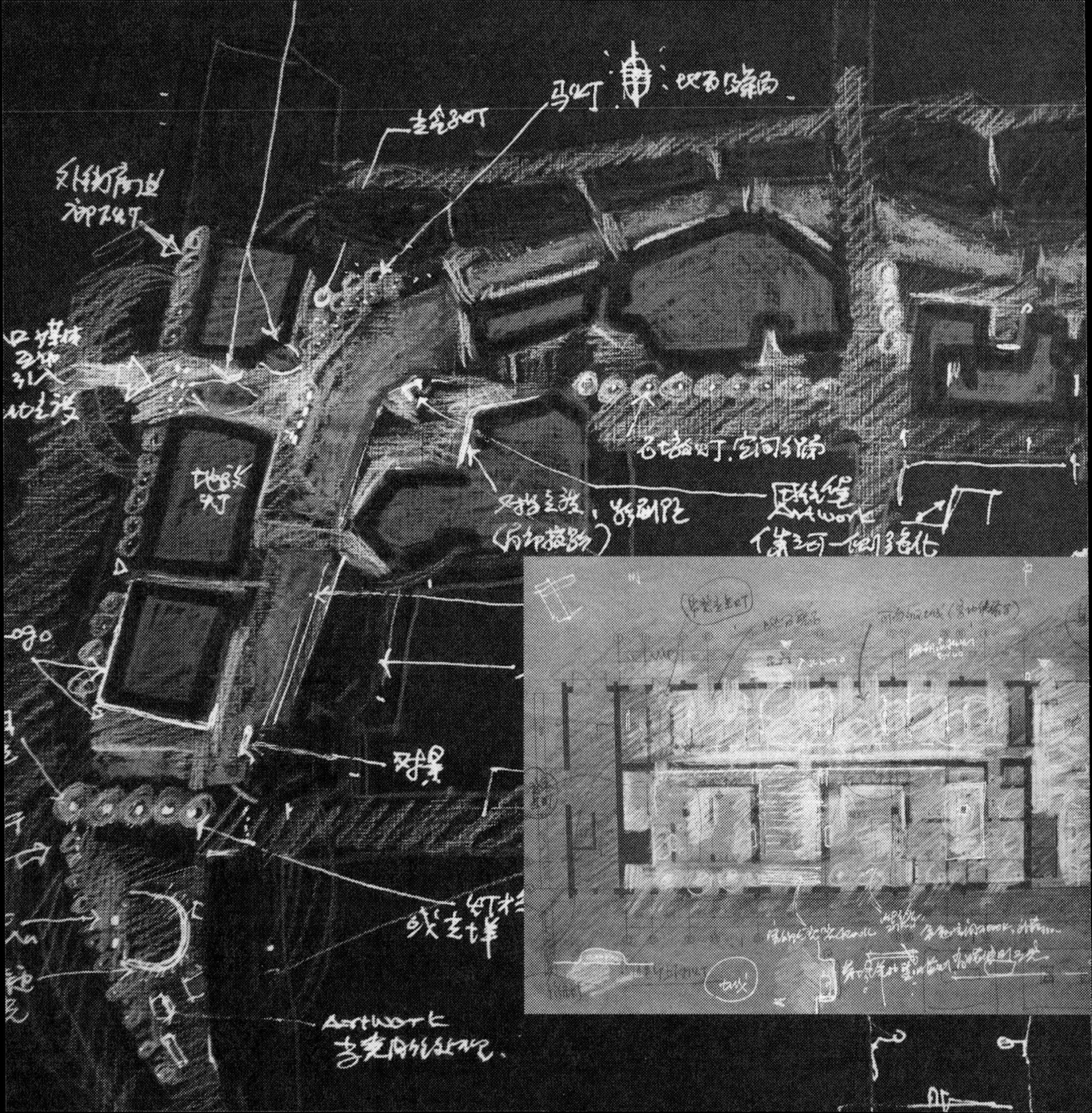
Artwork

工厂与艺术区的转换

建筑师一直在试图区别 Architecture 和 Building 的概念，我认为有一个现象很有意思，比如北京的 798、751，在我看来完全是一个工厂，铁管、扶梯等工业要素，感觉设计它的一定是一个工程师，做的应该是一个 Building。但是我发现铁管楼梯和所谓现代建筑设计大师设计的楼梯差不多，而且挺漂亮。而有的人标榜自己是做 Architecture 的，但建成后看起来很丑陋，那么这还是不是 Architecture？虽然从类型来分，工厂一般是工程人员设计，建筑师更多地参与有艺术要求的项目，但这是两个领域人为区分的概念。你标榜 Architecture 时，很有可能做出来就是个普通的 Building，也有可能本来是工程师，以做 Building 为目的，但最后做成了 Architecture。其实这是建筑师想自己划归同类时想出的思辨术。出现这样的一种错位，干扰了建筑的定义是什么的问题。建筑师对 Architecture 的情结很深，而密斯对工厂的情结更深，因此密斯的建筑艺术就跑到工程上面，跑到工厂里面了（笑）。这就是为什么很多工厂改造成了艺术园区。我想 Architecture 和 Building 是两个忽悠的概念，当你想定义它时，就会陷入怪圈。

勒·柯布西耶建筑
Institution for Le Corbusier
研究会

在西方建筑史上，只有很少的几位建筑师，既有妙笔生花、警世恒言式的理论，又有汪洋恣肆、才气逼人的作品，即使在身后，仍然是历史学家、理论家和批评家行诸笔端的宠儿，他们的名字和整部建筑史紧紧地维系在了一起，没有了他们，建筑学就是一个没有精神内涵的空壳。毫无疑问，勒·柯布西耶当之无愧地位列其中——他的著作《走向新建筑》彻底改变了建筑学学科的历史走向，他的萨伏伊别墅、朗香教堂、拉图雷特修道院、马赛公寓是现代建筑的经典，他也是唯一一位为新建筑规定出建筑原理的现代建筑师，他的名字足以表达现代建筑的文化理想和历史意识。得益于他，一座现代建筑的千仞绝壁耸立在建筑历史的群峰荟萃之中。

In Western architectural history, only a few architects were good at both theory development and talented artworks. They are still loved by historians, theorists and critics. Their names stay with the whole history of architecture closely together. Without them, architecture would be hollow. With no doubt, Le Corbusier is one of them - his book *Vers Une Architecture* completely changed the historical trend of architecture and his design including The Villa Savoye, Chapelle Notre-Dame-du-Haut de Ronchamp, Couvent de La Tourette and Unité d'Habitation are all classics in modern architectural history. He is the only modern architect who defined building principles for new architecture. He represents the cultural ideality and historical consciousness of modern architecture. Thanks to him, modern architecture has played an important role in the whole architectural history.

黄居正
勒·柯布西耶建筑研究所主持人

1986 年毕业于东南大学建筑学院获学士学位
1996 年于日本筑波大学获硕士学位
2002 年任《建筑师》杂志主编
2016 年任《建筑学报》执行主编
现为 ADA 研究中心勒·柯布西耶建筑研究会召集人

差异化不够是国内建筑教育的典型现象

Blondel.1705-74的两位学生

关于建筑教育,我们中国的情况跟国外可能不太一样。因为我们有一套评估体系,所以在去到不同学校时,会朦胧地感觉到有一些相似。这一点可能和咱们了解到的一些国外大学不太相同,他们的每个学校都有自己的一套教学体系和教学方法,包括课程设置可能都不太一样。所以差异化不够可能是我们国内建筑学教育中一个比较典型的现象。如果进一步再深入一点说到具体的教学的话,也会发现教学中的灵活性和赋予学生的自由度相对较少,知识性的教学会更多一些。我认为教育,特别是建筑教育还是应该多元化的。因为任何固定的教学方式发展到了一定程度就容易走向僵化。

对教育问题理解的差异,可能是因为每个人的态度和看问题的角度不太一样。我在前一段时间去看了中国美院的教学十年展览,此前都是一些片段和零星的了解。这次展览完整地展示了十年间他们的教学工作及成果,确实是很震撼的。这种震撼一方面是从视觉的角度,另一方面是他们跟其他院校非常不同的教学方法和研究对象。比如画画这件事,我们上学时候都要画画,但都是素描、水彩等技法训练,而中国美院的方法不太一样,他们用了一个词叫"现象绘画",也就是说不一定是要你对着一个实物描绘,而是要锻炼一种思考的方法,训练你怎么去看对象,然后从中提取出来一些什么。这样既训练了你观察事物的眼力,同时也训练了你的手,在这样的训练中,手跟脑是一体的。

另外一点,我认为建筑学教育中最需要关注的问题可能还是对学生提问能力的训练,建筑学的学生自己要学会提问。因为做设计就是这样,做设计不是给你一个确定的题目,然后你去模仿一下其他的案例,而是当你开始课程设计的时候,首先要提出一个自己的独特的问题。在这个课程设计中,我要解决什么样的问题,再进一步思考或学习如何解决这个问题。提问与解决,是对学生的基本的训练,老师应该处于一个引导的角色,而不是一个优势地位。这恰好也往往是我们的课程教学中会忽视的部分。

学生身上面临的这个问题也不能完全归到大学教育中,其实教育从他们小时候就已经开始了。教育是一个宏观的问题,教育如果不能调动学生,那必然会培养出没有想法的学生,他们也不愿意有想法。到建筑上,可能就和城市里我们讲的千城一面对应上了。

当然,这一系列的问题也不都是建筑教育和建筑师的问题。记得之前看到一个国外的业主给建筑师写的任务书,任务书里面有非常详细和具体的要求,让学建筑学的人看到都觉得非常惊讶。尽管这样的详细要求有可能会造成限定,但是这个详细的过程中更重要的是隐含着引发建筑师思考的内容。当然,好的建筑师肯定不会完全服从甲方的要求。我认为在解决功能问题层面上一定要服从业主,但是还有一种看不到的价值,需要用你的创造性的方法,帮业主解决更大的问题。要在超出基本功能之上解决更多问题的话,就不仅仅是服从的问题了。

不同的思考
带来多元和丰富

我认为由于学院的体制规定，每个学校都存在一些问题，比如学校中教设计的老师，教学工作持续了很长时间却没做过一个房子，这就会带来一个比较大的问题：怎么教设计。教师也是把他自己从老师那儿学来的知识重新传授给学生，这会是一个比较突出的、较典型的问题。如果能够引进一些有实际工程经验的建筑师参与到设计教学中间来的话，那我想多少可以改变一点这个问题。至少在设计课程的设置以及具体的教学过程中，学生对建筑的理解可能都会有一些不同的地方。

我认为 ADA 至少是一种探索，探索了教学可以有一种不一样的形式和不同的方法。如果说以往教学是一个封闭的自我循环的体系，那 ADA 用一根针去刺破一下，至少可以让这套系统透点气。当初 ADA 研究中心的成立，其实某种程度上就是希望引进一些对学院的既有教学和自我循环能够稍微有一点儿影响的有不同思考面向的人，使之参与到教学当中去。那么也许这会使学生的成长，或者说使他们的整个建筑学的学习经历更多元和丰富。当然我个人也不是做设计的，但我做了这么多年的媒体，将一些其他方面的思考带到教学里面去，也许会对学生有那么一丁点儿作用。

2004年黄居正作为策展人组织了"中国当代青年建筑师8人展"

本书选取了从20世纪50年代直至当今的日本现代建筑作为分析的作品。通过深入分析空间组织方式、日本文化的传承、建造与材料的独特处理等方面的研究，使学生们对建筑的理解不仅仅局限在形而上的模糊概念上，而是直指建筑的本质的问题。

形式分析法与图像学分析法

我认为建筑、设计、艺术的关系是十分紧密的，建筑本身也是属于艺术的。18世纪的时候，西方的近代艺术体系成立，包含了五个门类：建筑、绘画、雕塑、音乐、诗歌。建筑属于这个大的艺术体系，只不过后来专业分工越来越细分化了，但其实你想想老牌的巴黎美院中的建筑不就是在美术学院里面吗。我最近几年对艺术比较感兴趣，看了相当多的艺术史的书。从艺术史的这些书里面我得到了很多东西，它教你怎么看画，锻炼你的眼光。看画有多种方式，一种是从形式的层面，一般来讲就是形式分析法或称形式批评法，另一种是图像学的方法，就是要了解它背后的形式演变，了解在这幅画背后的文化内容。这些东西对我来讲是很有用处的，我知道了怎么看画，才慢慢学会怎么去看一个建筑。

具体而言，比如说形式分析法，就是要抛弃所有社会、文化、历史等因素，只看这幅画的构图、色彩、人物站的姿势等。如果用这种方法来看建筑，其实就是通过看表皮，观察它的比例、结构、尺度、材料的颜色等内容，去品评建筑。这在古典建筑学里面有相当多的例子。我们最近所做的对于一些建筑的观察和分析都是采用了这样的一种观看艺术的方法。

当然面对形式分析法或图像学的分析方法时，我并不认为在形式分析法的视角下建筑就跟社会、文化没有关系。这只是一种认知方法，形式批评法可以先把某些东西抛开，只关注某些内容。而不是说建筑就和这些不关注的内容完全没关系。

虽然建筑是艺术五大门类中的一员，但建筑毕竟还是跟其他四个艺术门类不一样。需要思考建筑跟其他艺术门类的不同之处，在形式批评法里面它可以获得一个所谓的自律，就是你仅能从建筑或仅从绘画中看到的内容。我们要思考只有在建筑中才存在，别的艺术门类中看不到的内容。

建筑师的建筑和没有建筑师的建筑

Architecture（建筑）和 Building（房子）两个词所对应的不同意义，无论是在英国还是在法国确实是一直有区分的。在巴黎美院里面培养的学生要做什么呢？一定是要盖 Architecture（建筑），而不是盖一个 Building（房子）。这里面就有一个所谓的 Low style 和 High style 的区分，Building（房子）是 Low style，是比较次要的建筑，而 High style 是纪念碑性的建筑，比如说市政厅等这些正统的建筑。但是这两者也不能完全分开。正如我们谈到现代建筑里面有两条线，一条是技术性的现代线索，一条是审美现代性的线索。或者说原始的、乡土的、非正统的 Low style 的内容会对正统建筑学产生影响。从文化的角度来讲，是精英文化和大众文化之间相互影响的问题。

这种 Low style 的房子是指匿名性建筑，不论是乡村还是城市都存在这样的匿名性建筑，没有经过建筑师设计的建筑。所谓建筑师，一定是跟工匠有不同分工的，他们需要画出一套图样来，还需要有一种普遍性，任何一个建造者或工匠都可以按照这个图样来操作。如果直接造出一个房子，那也是设计。但它是仅在头脑里的设计，没有图样出来，那这个设计的人就不能叫建筑师。

有一个很重要的事情需要澄清，就是建筑师设计的房子也不一定成为 Architecture（建筑）。因为 Architecture（建筑）是一个追求永恒目标的东西，而建筑师盖出来的房子不一定是永恒的。

如开头谈到巴黎美院，学院里面培养的目标是让建筑师去建 Architecture（建筑），但培养出的人能否做出 Architecture（建筑），这是一个问题。也有建筑师认为盖出来就是 Building（房子），没有要盖 Architecture（建筑），认为 Building（房子）里面也有很多值得我们建筑师学习的东西，那么 Architecture（建筑）和 Building（房子）这两者之间有可以转化的内容。

但房子与建筑终究是有区别的，尽管我们可以在房子里面提取很多有营养的东西，使房子变成建筑，但不能消除掉两者之间的界限，这是毫无疑问的。另外，建筑也不能只去关注材料、结构、建造方式等问题。这些是为了最终达成建筑所采用的手段，并不是结果。所以建筑师要用合适的结构方式，合适的建造技术，适合当地和这个项目的材料，把房子盖起来。评定建成结果是不是建筑，需要回到最基本的古典建筑学的议题，即是否符合基本的审美准则、有好的尺度、有好的比例关系、有一个很好的空间品质，同时成为这个时代的一种时代精神的表现。只有符合了很多条件之后，才可以称之为真正的建筑。

WHO LE CORBUS

谁是勒·柯布西耶

文 / 黄居正（著名建筑评论家，《建筑师》杂志主编）

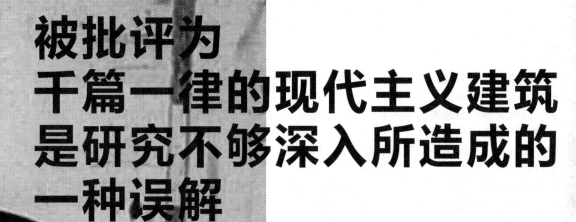

被批评为千篇一律的现代主义建筑是研究不够深入所造成的一种误解

如果谈在 ADA 研究中心为什么要设立勒·柯布西耶研究会这样一个主题，其实这与一个多次会被问及和谈到的问题相关，就是为什么要研究柯布西耶的问题。从我受教育的经历来看，我们对西方的建筑师及他们的作品并没有特别深的了解。本着这样的一个目的，需要系统地梳理和认识我们每天都会提及的西方建筑大师究竟做了什么。从我自己的角度来讲，对柯布西耶感兴趣是因为我需要通过一个建筑师打开一个入口，进入到西方建筑师的世界，真正了解其建筑史发展的过程。我把柯布西耶作为一个切入点，因为他在西方世界的建筑师中是非常具有代表性的。通过对他进行研究，其他的现代建筑师就都会被带进研究中，实际上就是想通过这样的工作找一条现代建筑师发展的线索。对这条线索的认识,是想要印证我以前学的东西是不是像我们教科书里面所写的那样,仔细去验证现代建筑师的实践是否是"一个对西方古典传统的反叛,完全是在一条技术现代性的路线上奔驰的"。

通过研究,就会发现并非如此,其实现代主义建筑如果加上主义的话,就要回到现代性、现代主义、现代化三个词的并列中去看问题。现代主义只是现代性的一个表现方式,而现代性里面是有两种表现的,一种是我们通常讲的社会进程、技术进程,这是技术现代性。还有另外一种现代性,就是不断的对技术性的反思,我们一般称之为审美的现代性。建筑里面同样存在着这两种现代性,回到现代主义建筑里面去看,我们一般理解的柯布西耶说住宅是居住的机器,这好像是一个非常强调技术现代性的路径。可当你仔细去研究的话,会发现根本就不是那么回事,从一开始其内部就有另外一种现代性存在,比如柯布西耶会对民居进行研究,对原始性进行研究,这些关注都是对技术现代性的反叛。而这条线索,我们以前往往是忽视的,这种并置共存被忽视的现象和问题不光存在于柯布身上,在其现代主义建筑师身上也有。这样的并存构成了现代建筑发展的非常丰富的或者说多元化的路径。其并不像我们在教科书里认识到的现代主义建筑,被后现代批评为千篇一律的那个现代主义建筑,这是由于我们研究得不够深入所造成的一种误解。所以我要去做科普研究,做一个研究会,目的就在于要去发现历史进程中间我们所误解的一些问题。

阿尔瓦罗·西扎:从

ALVARO SIZA: FR

现代 Modern
Urban Culture
Institution
城市文化
研究所

工业革命之后，人类社会逐步告别农耕时代向工业化社会转变。科学的进步推动技术发展，这个过程中所形成的城市产生了全新的社会秩序和氛围。这些现象是时代内在特征变化的外在表现。一个城市的文化通过视觉形象得以传达，而文化的内在特征被这个时代人的生活方式和行为特征所影响。如果试图把握现代城市的文化内在特征，就需要细致地研究现代社会生活的特点。我们希望从特定的时代背景出发，研究这个多元的信息化时代的生活方式和行为特征。以此方式得到的对于城市文化的认识不一定传承过去，但可能会更有利于面向未来。

After the industrial revolution, human society has been gradually transformed from farming era to industrialized society. Scientific development promotes technological progress, during which a new social order and atmosphere comes into being in the city. These phenomena are the external manifestations of inherent characteristics of the times. The culture of a city expresses via visual image, and the intrinsic cultural characteristics are influenced by the lifestyle and behavioral characteristics of people of the times. To understand the intrinsic characteristics of modern urban culture, it requires careful study of the characteristics of modern social life. We hope that starting from a specific background of the times, we can study the diverse lifestyle and behavioral characteristics of the information age. In this way, we will prepare ourselves better for the future.

王 辉

现代城市文化研究所主持人

1990 年毕业于清华大学建筑学院建筑系获学士学位
1993 年毕业于清华大学建筑学院建筑系获硕士学位
1997 年毕业于美国迈阿密大学建筑系获硕士学位
1993 至 1995 年于中央工艺美术学院环境艺术系任教师
1997 至 1999 年于纽约 Gensler 事务所任建筑师
1999 至 2001 年于纽约 Gary Edward Handel 事务所任高级建筑师
1999 年至今 URBANUS 都市实践建筑设计咨询有限公司创始合伙人
现为 ADA 研究中心现代城市文化研究所主持人

建筑肯定不是直接意味着质量

谈建筑与房子的区别,可以先看康德。康德的哲学中,或多或少地继承了从柏拉图开始的关于理念的理解。就是说这个世界本源性的存在,是超越了现实世界的一个理念。你在现实中做得再好,也无非是对这个理念无限地接近,永远也不可能达到。所以"建筑"就如同这样的理念,你永远都做不出来的那个建筑就是Architecture(建筑)。因为你能想到的建筑师中,无论多么伟大,从来没有任何一个人说,我已经做到了理念中的Architecture(建筑),可以功成而退了。

如果说一定要去判断某个对象是"建筑"还是"房子",或者说必须要去解答"什么才能算是'建筑'"这样的问题,那么这样的问题本身就包含了一种分析的方法。假如在"什么是建筑"的问题下,我列出若干项标准,比如功能好、结构好、比例好、施工好、材料好等,然后在判断时逐一画钩。那是否全部打钩后就代表这个对象物是建筑了?这就是分析所存在的问题。即使能够全部画上钩,也许你仍然会发现它不能符合你对建筑的标准。相反,你在聚落里看到一个小茅草屋,可能结构不稳、柱子所选用的材料不规整、构造上的处理也是歪歪扭扭,甚至没什么节点可言,就是农民拿绳子或铁丝一绑。在刚刚提到的选项上面,肯定是都要画叉的。但你凭直觉,仍然感到那就是建筑。这就说明这个问题不能用分析的方法来思考,而要用综合的方法来看。需要自上而下地来回答,回归到"建筑的目的是什么"这个问题上来。

建筑的目的说高一点,就是海德格尔的天、地、人、神合一,它能够提供一种存在感。在其中我们有一种稳定的、舒适的、毫不愧疚的、虔诚的存在感,建筑给了人尊严。比如我做的小蚂蚁剧场,如果问那个房子有没有问题,我自己就可以从很多角度说出它存在的很多问题。比如装饰味是不是太浓、节点控制是不是还不到家等。尽管这都是问题,但我仍然可以说它是个建筑。因为它给这个群体的人带来了一种归属感,他们在表演的时候有他自己的存在感,会有社会的尊严感,通过这个建筑放大了他们的社会形象。如果这个建筑本身也成为了一个商业广告,能让更多的人知道他们后为他们带来一些收益的话,那我想这个建筑就实现了该为人做的一些事情。我认为如果

《十谈十写》是王辉和范凌两位作者联合出版的文集，主体内容包括两部分：《十谈》是二人有关建筑十个重要问题的十次对谈；《十写》包含二人各五篇文章，是他们近年来有关 OMA 作品、尤美美术馆等重要建筑作品或建筑热点问题的评论，部分曾发表于《时代建筑》《建筑学报》等专业期刊。

从这个角度看，小蚂蚁剧场就是建筑。但是反过来讲，如果做一个办公建筑，我会殚精竭虑地考虑两块石头交接的转角怎么处理，花费了很大心思后，完成的效果虽然很体面，但我不会觉得有成就感。因为这只是完成了任务，没有给世界添堵而已，你不会觉得这件事本身有很大的意义。因此，需要用综合的方法来认识建筑与房子的区别，从自上而下的目的性来看。也就是说一件事做完以后，是否有更超越的目的，或者说更宏观的目的，这是区分建筑与房子的地方。如果你做的是面包和奶油，是解决基本的吃住问题的，那么它就是一个 Building（房子）。

建筑的评判，肯定不是直接意味着质量、节点施工技术的优劣。比如柯布西耶的萨伏伊别墅是传世的经典，但是通过了解，你会发现这个房子盖好了以后几乎是处于废弃状态的。主要原因是房子漏水没法用，并不是业主不理解建筑的价值，而是这个房子实在无法作为居住使用。但今天在我们看来，萨伏伊别墅无疑是个好的建筑。

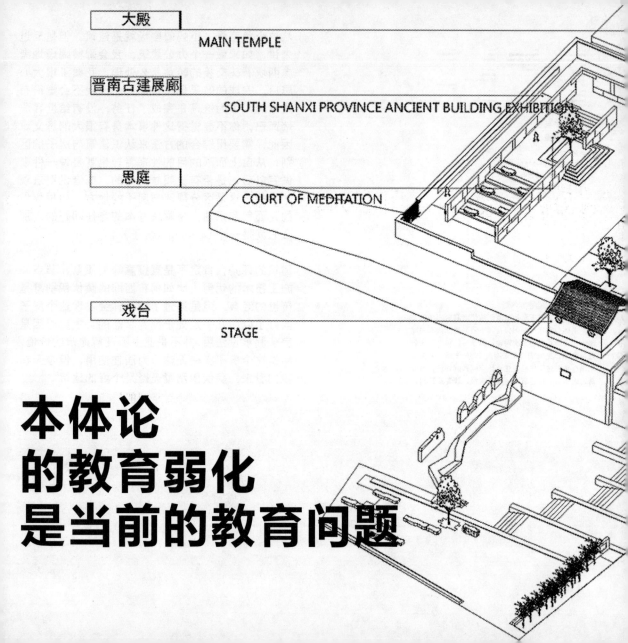

大殿	MAIN TEMPLE
晋南古建展廊	SOUTH SHANXI PROVINCE ANCIENT BUILDING EXHIBITION
思庭	COURT OF MEDITATION
戏台	STAGE

**本体论
的教育弱化
是当前的教育问题**

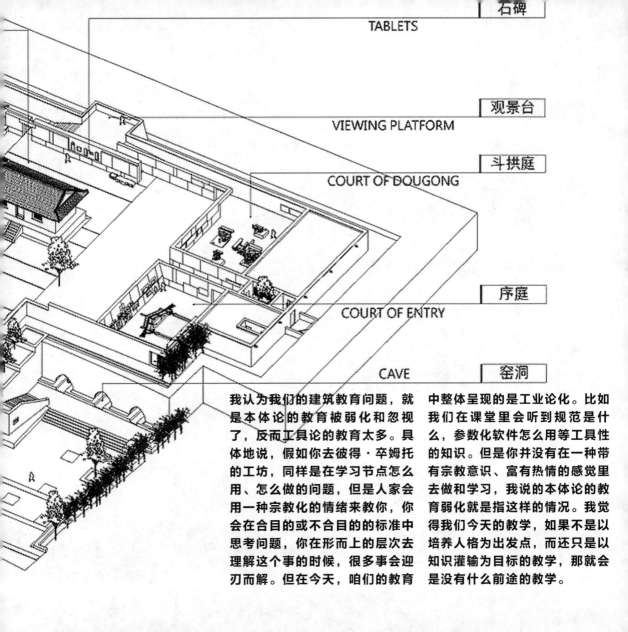

TABLETS	石碑
VIEWING PLATFORM	观景台
COURT OF DOUGONG	斗拱庭
COURT OF ENTRY	序庭
CAVE	窑洞

我认为我们的建筑教育问题，就是本体论的教育被弱化和忽视了，反而工具论的教育太多。具体地说，假如你去彼得·卒姆托的工坊，同样是在学习节点怎么用、怎么做的问题，但是人家会用一种宗教化的情绪来教你，你会在合目的或不合目的的标准中思考问题，你在形而上的层次去理解这个事的时候，很多事会迎刃而解。但在今天，咱们的教育中整体呈现的是工业论化。比如我们在课堂里会听到规范是什么，参数化软件怎么用等工具性的知识。但是你并没有在一种带有宗教意识、富有热情的感觉里去做和学习，我说的本体论的教育弱化就是指这样的情况。我觉得我们今天的教学，如果不是以培养人格为出发点，而还只是以知识灌输为目标的教学，那就会是没有什么前途的教学。

被小部分人趣味篡改的趋势

如果谈我看到的世界建筑动向，可能要从建筑来源的问题谈起。首先，我想建筑是来源于项目的。我认为现在世界所处的全球化、城市化的趋势，就是建筑的动向，最简单地说就是关于"量"的层面上的动向。所有知名的建筑师都需要去操作大房子，他们都被这种"量"的动向给绑架了。

第二个问题，就是建筑有没有从量变到质变的问题。我想是发生了以小搏大的质变。比如从理论上讲，我们生产大体量建筑的时候，会有一整套的方法，可以把建筑的各方面都处理得很漂亮。结果忽然间冒出很多人，擅长操作小建筑，那么当他们将此前惯用的方法直接运用到大尺度建筑中效果也不错时，这就形成了一种新的趋势，就是大的世界动向被小部分人的趣味给影响了。

这种趣味首先不是古典的或者说经典的，它被个性化的趣味篡夺了。个性化与普世化是相对立的。普世化可以从殿堂到村庄，将所有的形式和风格问题都解决，而且做到不恶俗。但是现在我所说的流行风格就是扎哈风格、盖瑞风格、卒姆托风格等这些个性化的趣味。他们的这些新风格还不同于现代主义在20世纪的那种先锋性，那种先锋实际上呈现了一种普适性，而现在这些风格就过于个性化了。这些个性化的东西占据了建筑发展的话语权，尤其是在今天我们这种自媒体时代。这样就形成了一种动向。

但最终我们回想，个性化的成功还是由于它有着普适性。比如我举富勒的例子。他做的大球很个性化，但是在他的思想里始终有一个闪亮的冲动，就是他期待如果能发明一种建筑系统，随便一张拉就能把很多人给覆盖住，那么会是非常有意义的发明。基于这个冲动，富勒是在做普世化的东西。也就是说，他是在非常个性地去做一个具有普世化价值的东西。所以说只有站在这点上思考，你才能变成最后的赢家。如果富勒只顾着自身兴趣去研究球体的样式，把目光集中在这么一个点上，那就算这球做得再好，随着时间推移也就不存在了。

城市文化研究是我天天干的事情

首先在 ADA 研究中心的教学工作，我还是尽职地完成了几个系列的讲座。这也是我想借 ADA 的平台做点本职工作以外的事情。在 ADA 的讲座主要分为"哥特建筑"和"手工艺作为现代建筑的一个传统"这两条线索。今年开始的这个系列，是因为去年我正好跨入五十岁，就做了一次个人的批判性回顾，所以就想在讲座上谈点实践理性批判。第一讲我邀请到意大利的劳尔来讲了实践理性批判，她非常懂康德。我认为我与 ADA 最直接的相互影响就是讲座，这对我来说有很多好处，因为我得到了一个机会可以总结自己的思考。比如哥特建筑，和学生谈这个内容除了个人的兴趣爱好外，其实还是由于哥特建筑历史的特点。通过了解短短的两三百年时间内在整个欧洲跨区域发展的哥特建筑，我们可以收获两个方面。一方面就是它见证了一门艺术或者说一个有机体的艺术，从萌芽、发展、高潮直到灭亡的这一整个历史进程，并且展示了几乎可以应用于所有历史结构的一种规律。所以在短时间里通过学习一个具体的艺术史,就能够了解到艺术史里的客观规律。另一方面就是通过拓展可以从德国、意大利的这一更大范围来讲哥特建筑,看同样一种艺术形态在不同的地域文化里的演变。从中可以发现,事物发展的明线是讲一个具体的形态,而暗线是讲思考。这其中就包含了任何事物发展都会存在的因果关系和依据理由。我觉得这些思考可能对我们的本职工作也有一定的借鉴作用。另外,我讲工艺性也是想解决一个问题,就是设计反复变化之后如何回归到人的问题。因为手工艺本身跟人的情感、感觉都是直观的存在着关联的。

那么,如果提到在ADA设立的城市文化研究所,我想说,城市文化研究的这些事都是我天天干的事。都市实践发展到今天,假如说有一点值得说的事,那就是我们在不断地创造城市文化或创造城市文化的机会。

今年教学中还做了一件事,就是上半年到清华教书。我从直觉上很强烈地认为,应该灌输一个形而上的思想体系给学生,而不是去关注最后产生的某种成果。因为我深刻地意识到,作为建筑师你无时不刻是让性格在主导。所以在清华的教学中,我的教学目标是人格培养。尽管在各位老师分别开展教学的这个环境里,我也有一定的对于最后成果效果的压力,但我在过程中要求学生们的不是成果,而是强调他们在过程中是否有坚持,以及如何进行坚持的问题。要看他们有没有能够用从感性、知性到理性这样一个过程,一层层地去解决问题。最后各位同学做得非常不错,这还是让我感觉非常高兴的,但是这个结果确实不是目的。

传统就是传下来的正统

我认为传统就是传下来的正统。我们说的传统要么是腐朽的，要么是会阻碍你的。但其实传统还是比较强大的。或者说传统是人们接受度比较高、比较普世的内容。就像今天可以看到建筑界大家都在进行着活跃的实践，但随着时间的推移，你会发现眼前留下来的活跃者就没剩下几个人了，是因为其他人都被淡忘了，而那些仅存的被记住的人就是传统。这些人被记住，也就是因为他是一个更容易被普世价值接受、能够被复制的人，那么他所做的就会是传统。所谓的传统是经过时间检验的东西，它能解决普世性的问题。或者从道德角度讲，传统是对世界有用的内容。如果你设计方案忙了半天却对别人没用，那么做建筑用的那三招两式再过一段时间,就没有人来流传了。

另外，在传统这件事上，应该说人民群众的选择就是正确的。传统就是通过人民群众不断地选择来确立的。而当下我认为旧的传统已经消亡，因为人的生活习惯不一样了。但是新的、能够传承下去的、普世的传统还没有诞生。我们现在试图保留的所谓传统，从物质的层面上看其实还是怀着对人类某个阶段文明绝迹的悲怜之感，对已经消亡的旧传统的留恋。比如当再次去云南，看到原来漫山遍野的木质村落忽然全变成石头房子时，你就会觉得很可惜。因为此前那个时代的文化灭绝了，那一刻我们希望它还存在。这是对一个阶段文明所获得成就的外在表现物依然能够存在的一种怜悯和期望。

互相不干扰、平行是 ADA 的特征

如果说 ADA 研究中心在建筑与艺术的融合方面有特立独行之处的话，可能就太泛了。具体而言，我认为建筑师要跟艺术家合作这是必然的。艺术家们有着特殊的气质，在想事的方法上，相对于普通人而言是比较独特、个性化和另类的。他们的想法是不世俗的。这些是艺术家比起建筑师所具有的一些天生的好处。所以所谓的合作实际是建筑师要去学艺术家那种思考和看待事物的方式与方法，甚至还要看到他们做人的方法。

另一方面，我认为 ADA 研究中心的设立是非常有意义的。第一，我相信实践出真知，而 ADA 聚集的非职业老师们最大的好处，就是他们是经过自己摸爬滚打，总结出了一套有的放矢的打法的人。我觉得这是实践所带来的好处，会有经验教训的积累。第二，这些老师恰恰是因为没有被学校体制格式化，不用符合规章和流程的约束，所以这些老师还有着一股清澈。也难得 ADA 能凑起这样一批老师在这里，把自己的心得、所学、特长给聚起来。这应该就刚好跟学校的体质化教学形成互补和提升。如果未来有机会，假如 ADA 能成为一个更独立、更加特别的教学机构，老师可以带着自己的课题到 ADA 的课堂来的话，应当是更为有益的一种尝试和探索。第三，也是最重要的特点，就是 ADA 的人员构成中，每个老师互相不干扰，处于一种平行的状态是非常好的。但这同时也会出现太过松散的问题。

建筑与跨领域研究所

Architectural and Interdisciplinary Institution

自工业革命引发世界潮流的现代化以来，建筑从古典主义演变为现代主义。如同现代化无法成为未来世界发展的楷模，现代主义也无法包办建筑的未来。这是近半个世纪以来建筑界意识到现代性困境之后，在理论和实践方面的普遍反思。这体现在建筑学界在现代主义与古典主义之间徘徊的一系列对抗关系中：1）全球化与地域主义；2）建筑资本化与社会属性；3）建筑的物性与神性（实用主义与精神价值）；4）资源的占有与欲望的节制等。建筑师在多相复合的价值维度中平衡或挣扎，抛弃了现代主义以来一直扮演的社会改良角色，部分退化为保守的职业人士，沦为现代化的工具或充当其能量。如此格局下，建筑师职业的未来会如何继续演变？如何面对由此而来的对未来建筑师培育的挑战？

Since the Industrial Revolution starts the global trend of modernization, architecture evolves from classicalism to modernism. Just as modernization cannot be the model for the future development, modernism architecture cannot be all for the future architecture. This is the general reflection of architecture industry on theoretical and practical aspects after realizing the plight of modernity within nearly half a century. This is reflected in the field of architecture a series of adversarial conflicts between modernism and classicism: 1) globalization and regionalism, 2) the capitalization and social attribute of Architecture, 3) the physical properties and divinity of architecture (pragmatism and spiritual values), 4) resource possession and desire control, and so on. Architects try to struggle and balance among all of these above, and some even abandon the proactive role of modernism, and then stay conventional as a modernized tool. Under such circumstance, what's the future of architects? How shall we face the challenges from the cultivation of future architects?

梁井宇

建筑与跨领域研究所主持人

1991 年毕业于天津大学建筑系获工学学士
1996 年加拿大蒙特利尔翰佳如建筑事务所，建筑师
2000 年美国电子艺界游戏公司，电子艺术家
2005 年成立北京场域建筑工作室，主持建筑师
2013 年清华大学建筑学院，设计导师
现为 ADA 研究中心建筑与跨领域研究所主持人

希望让学生
不是太多地从形式入手

我接触到的中国的建筑学毕业生中，相比西方学生，更容易从形态入手做设计，而西方学生可能以概念介入的多些。针对这样的观察，以及在学校里这几年的教育实践，我认为一个比较容易做到的改变就是减少和降低学生的作业量及完成要求，当然是在不减少课程设计总学时的前提下。

比如，能不能一年就做一个题，但是引导学生从各种不同角度反复去做。因为如果只是八周或者哪怕一个学期，学生不得不花三到四周来完成设计表达和呈现，这花去了一个设计周期过多时间，用来思考和设计本身的时间不够。为了能够让他们未来成为建筑师时能够有思路来解决未来、未知的、我们没有教过的问题，那么鼓励学生现在从概念入手，展开场地、环境和社会关系、经济关系等的调研分析，分别从空间、材料、结构、构造等不同角度完成同一设计，就能提供多一些解决问题的思路，提升学生对设计解答问题的深度和广度的认识。若能够有比较充足的课程时间花在这些方面，后面视觉呈现的部分就会在比例上稍微少一点。

同时，在基础教育阶段，学生因为应试教育而储备了很多的知识，这些知识没有得到太多应用。到大学没有给它应用机会，就又开始不停地往里填塞东西，也是个问题。其实我们需要将许多学科知识进行综合运用的能力，而我们做的却是按照学科单一的逻辑或教学计划完成教学任务，没有给时间让他们将之前中学所学的东西、个人感兴趣的方向在设计课中加以应用。他自己此前累积起来的那些知识和兴趣很难与建筑结合起来，他对建筑的兴趣和对设计的热情可能会逐渐减弱。造成的结果就是他在毕业的时候不再对专业有热情，有兴趣，也就不会持续地去学习。

可是建筑学是一个持续学习的过程，用不着冒着牺牲学生终身学习兴趣的风险，在学校阶段就把图书馆、幼儿园、博物馆这些功能的建筑设计全

学完。相反,可以少学几个,把一个设计放在几个学期里面,运用各种不同的方法来反复研究。比如说住宅,这个题目教几年级都不会过时、过难或过易,就从咱们现在的理解来看,你现在做的住宅和十年前做的住宅也是不一样的。再过几年,可能你的想法又变了。所以我的意思就是设计教学从类型上不要越搞越难,越搞越复杂,反而应针对一种类型的题目,反复从不同的设计要点去做。

我参与清华开放式教学,就是希望让学生不是太多地从形式入手。但是我的一个体会就是八周时间太短了,很难告诉他们如何跳出这个框架去想问题,因为他们很快就必须将设计成型。所以就算是我想跳出图像思维,最后他还得花差不多一半的时间去实现这个图像。从这个角度来说,很难通过八周的课程实行刚才我说的教育上想做的那些尝试,很难开展起来,这是它的局限性。但从积极的意义来说,我们的出现是"计划"之外,让学生们有机会看见一些不同的可能性。我也愿意持续性地给他们带来这些"计划"之外的视角,这种视角也许一时半会儿不能马上在他们作业的产出上起到太大作用,但我相信,未来会对他们有所帮助。

建筑
既是大设计的统筹
也是设计

从某种意义上来讲，可能艺术和建筑的相关之处就是二者同样都追求感官的感受。这个感受，实际上是艺术外化出来的那部分。因为艺术有两部分，一部分和创作者本身有关系，一部分与观察者有关系。其实我觉得建筑师在做创作的这件事情上，客观上好像与艺术相似，但实际上我觉得建筑真正和艺术之间可以交流的部分还不是一个创作者的姿态，因为那个部分反而容易把建筑带偏，艺术家的创作更多的是发自于内在的，可是建筑师的创作往往是以客观性为主的，是综合外在因素的。但是建筑和艺术有非常密切的关系，在于两者同属视觉艺术，都很关注观察者的感受。观众的感受里面又有很多部分是相通的，它在表现力和影响力方面是相辅相成的。所谓的相辅相成就是建筑常常借助艺术的手段和艺术的表现方法，来实现我们建筑师想达到的某些目标。所以在这个意义上，我觉得艺术对于建筑有应用方面的价值，但并非创作方面的共性。因为在创作方面我认为建筑师和艺术家有很大的差别。

再从设计这个角度来说，建筑的另一个重要的方向，就是你既要照顾到功能，又能够去平衡功能和功能以外的那一部分，平衡的工作我理解就是设计。所以设计在建筑学里面可能是最复杂和最难以完成平衡的。这在其他行业里面也许相对简单，因为别的设计门类相对简单，所以更容易看明白，因此别的设计行业也最容易产生一些对建筑学的启发。建筑应该宽泛地算作设计，但是建筑这个行业涉及的方方面面太多，也就是设计需要平衡考虑的因素比其他类别的设计要多很多。一方面它是设计的总和，另一方面又可以把它切割成很多小的设计门类，这个时候可能可以更好地把握具体不同的设计，并整合在一个大的设计里面。建筑既是大设计的统筹，也是设计本身，但是大设计切割出的小设计，又可以单独成为设计的环节。建筑在不断寻找的功能与功能之外的意义之间的平衡，就是设计的核心价值。

建筑向未来的走向中我们是推动者

58 SERIES CHINA NEW DESIGN
用新设计…
Architecture
Social Practice or Luxury Design?
建筑——作为社会实践还是奢侈设计?
1.9 周日 / Sun 14:00-15:30

SHELTER 庇护所
[美] 劳埃德·卡恩 (Lloyd Kahn) 编著 · 李鹏宇 译

在 ADA 设立建筑与跨领域研究所也是个人兴趣,我觉得建筑本来就是个跨领域的事情,因为你不得不跨领域,建筑是一个综合者的角色,综合不同的专业和参与方。那我为什么还要再单独强调?因为我觉得我们在综合各个学科、各个专业、各种不同角色的过程当中,其实不仅是协调者和组织者,在建筑学的发展过程中,建筑从传统到未来的走向中,我们实际上也是一个推动者。这个过程其实是不断地和别的行业进行"杂交"变异。一方面携带了自己的基因,另一方面不断地吸收其他学科的知识、架构或研究方法。这种综合性、复合性,就是它的生命力,才能够让建筑学不断发展下去。往回看历史,这个线索还是比较明显的,虽然一直在盖房子,但是房子无论从建筑材料的使用,还是建造方法,还是在空间的利用上,都受到其他行业的影响。有的时候建筑反过来又在影响其他的行业。这个行业一直会不停地从各个其他的专业领域吸取发展的营养,同时补充自身已经被淘汰的那部分。

原研哉&梁井宇——关于大栅栏城市导视系统的对话
The Dashilar VI Project: A Conversation Between Kenya Hara and Liang Jingyu

2013.10.2 週 13:30–15:30
UCCA 报告厅 | UCCA Auditorium

嘉宾：
原研哉
梁井宇

合作主办：
北京国际设计周
尤伦斯当代艺术中心

Speakers:
Kenya Hara
Liang Jingyu

Organizers:
Beijing Design Week
UCCA Center for Contemporary Art

语言：中文和日文
Language: Chinese and Japanese

Design HOP@ UCCA
设计之旅 @ UCCA

Time: 13:30-15:30, 2013.10.2 (WED)
Venue: UCCA Auditorium

ADA 与正统的体系

我认为 ADA 研究中心是十分有意义的。我们现在的建筑教育中有不完美之处。但它并不是一无是处,它满足了大规模快速培养普通建筑人才的需要。我们如何改进它,如何把它变得更好,就需要 ADA 这样的机构来做补充。ADA 不需要沿用学院现有的教学体系,跳出正统的体系,使得我们可以做一些实验,而就算是所做的这个实验失败了,对大的体系也不会产生太坏的影响。但成功的几率更大,但凡想在建筑教育中有所成就、对现有体系有所改革和突破,必然要先跳出那个体系,所以,ADA 是很有希望的。

实现超额功能的部分是建筑

关于 Architecture（建筑）和 Building（房子）的区别这个问题，也是我一直以来在思考的问题，偶尔会找到答案，但是过不久，感觉答案又变了。其实我觉得这是建筑师一生都在追问的问题。

我一直有一个简单的区分法则，就是看盖房子的人做这个房子的动机是什么。如果动机超过了只是把它作为房子，那这就不仅仅是一个房子。动机决定了这个房子是不是建筑。做建筑肯定是要多过做房子的动机的。在盖房子的时候，他舍得多花力气和钱，做不只是为了遮风挡雨的部分。那多花的那些钱，花在什么地方了，这件事情可以再挖深问问。如果那些钱只是为了换一个断桥铝合金的窗，那这还是为了满足使用功能（遮风挡雨的功能更好些），就不是做建筑的企图。但同样是一个铝合金窗，他把窗框分隔变了一下，如果这一下纯粹是他个人的爱好，没有任何功能性的考量，那这部分动机是什么？这部分就有可能形成建筑。

不牺牲功能，而实现超额功能的部分是建筑。如果是牺牲功能而实现的呢——这体现建筑师的道德观——也是建筑，但这样的建筑，也许可以叫"反"房子，对于房子（功能）来说，它是一个反动（反功能）的。比如说柯布的房子漏雨，那它是不是建筑？它当然是建筑。因为它多过了功能性的那部分，有丰富的意义可供解读。只是我觉得"让房子漏雨"这件事不符合我作为一个建筑师的道德观，我觉得首先得满足功能，建筑构造符合基本逻辑，不出现会漏雨的隐患是最起码的，如果这都做不到，那不是建筑师基本功有问题就一定是道德有问题了。

当然，下一个这样的定义和判断是容易的，但实际上在具体操作过程中，我也会出现为了我的爱好牺牲功能的时候。也就是说，建筑师去做一个绝对公正和绝对道德的判断这件事情只能是相对的，在他自己心目中是有一把尺子的，或者说他是在衡量的。这个衡量的标准，其实都把握在每

个建筑师的心里面，他有一个可承受的度，这个可承受的度，和每个人日常生活也是很像的。

比方说，我们消费也是会这样，一个好看的杯子和一个不好看的杯子，盛水的容量是一样的，但你可能舍得多花点钱，去买一个在功能方面还不够完善但是好看的杯子。你之所以会这样选择，就是因为人本身就不是一个完完全全功能性的动物。如果说只谈功能性，人就和动物没有差别。人在做选择的时候，是一个很复杂的过程，这个过程是被文化熏陶过的。他在做取舍的时候，经常不是一个纯功利性的，不是只为了温饱而活着的。

为什么中国的文人会说"宁可食无肉，不可居无竹"。就是人舍得为了自己的精神追求，而牺牲掉局部的物质需求和物质舒适度。在一定的范畴，这种情况是被我们的文化传统和社会习俗允许和接受的。

建筑师在做判断的时候，不是简简单单地用自私的审美，或者自私的创作欲来做抉择。他有可能牺牲掉那部分功能，是为了创造出更多的精神价值。这个时候，我们每一个建筑师，都有一把心中的秤，这秤在称这些事情的时候会做一个平衡。一个好的建筑师和一个差的建筑师，其差别就在于做这个平衡的时候所具有的远见和勇气。

有的时候你会发现，建筑师可能是出于一种远见，牺牲掉了功能，最终造成对使用者或环境的巨大提升。当然更多的时候你会发现，一个建筑师为了自私的审美和利益，牺牲掉功能而造成了灾难。

我觉得建筑考验的是建筑师有没有那种远见。同时，他在做判断的时候有没有那种善意。这种善意和远见共同起作用，来平衡什么是一个合适的度。所以绝对不是一个没有功能，或者功能被牺牲掉的房子就一定是一个差的建筑。只是我会更倾向于被眼前的善意捆绑住手脚，我不太有一种肯定的远见，认为牺牲掉这些使用功能，就一定能够成就放大的精神价值及作用。我看到别的建筑师在做房子的时候有这样的成就，我会认可他。但在我自己的设计里面，我宁可保证功能上的善意。对待精神追求，作为建筑师，我不可能没有，比如，我特别关注那些舒适度不高，甚至简陋，却能提振我们的精神的建筑空间……只是在我内心的天平上，往往善意的砝码比较重。

建筑与
自然光
Architecture and
Nature light
Institution
研究所

人们通常把建筑理解为实体形状和事物的建构，但历史上和当代很多的优秀建筑范例都显示出对空间氛围的营造，对于无形的、非物质的事物同等重视。难以捉摸的光影和微妙的色调层次，使建筑超越本身的物理极限，在可使用的同时更富有情感。光在建筑中的核心作用是利用这个力量去塑造人们对于空间的感知，营造与表达生活中精神维度的感受和情绪。我们将分别以时间、空间、物质、氛围与光的关系，作为系列研究课题。

People usually consider architecture as the shape of entity and the structure of object. However, many historical and contemporary excellent architecture models create atmosphere in the space and equally emphasize intangible, nonmaterial things. The light and shadow that are difficult to catch and the subtle gradations of color make the architecture transcend its physical limit and show more feelings while maintaining usability. The core function of light in architecture is to use this power to shape people's sensitivity towards space, create and express the feelings and emotions in life. We will conduct a series of studies focusing on the relationship between light and time, space, material, and atmosphere.

董 功

建筑与自然光研究所主持人

1994 年毕业于清华大学建筑学院获建筑学学士学位
1999 年毕业于清华大学建筑学院获建筑学硕士学位
2000 年作为交换学生在德国慕尼黑理工大学学习
2001 年毕业于美国伊利诺大学建筑学院获建筑硕士学位
2001-2004 年工作于 Solomon Cordwell Buenz & Associates, Inc. 芝加哥美国
2004-2005 年工作于理查德·迈耶设计事务所，美国
2005-2007 年工作于斯蒂文·霍尔建筑设计事务所，美国
2007-2008 年普筑设计事务所合伙人
2008 年创立直向建筑设计事务所
2013 年清华大学建筑学院，设计导师
现为 ADA 研究中心建筑与自然光研究所主持人

光在建筑中是被有意考虑过的

首先我认为自然光绝对不是建筑学的全部,而且也不是我自己实践的全部。我希望关注这个问题,只是觉得在国内对这个问题的系统性研究或论述太少。我在美国读研究生的时候,我的导师就是专门研究建筑与自然光的,他一辈子都在做相关工作,通过文章和书的形式呈现研究和思考。同时,他的研究也不是我们通常意义上理解的光环境研究,他研究的是光和空间,是完全建筑学意义上的光。

正是因为我经历了两年这样的影响,所以觉得关于建筑与光的问题是可以、也是需要被探讨的。他的教学当时对我启发很大,我在中国上学的时候没有涉及这方面的思考,或者说没有这样被带着去看这样的问题。但当你有意识地关注光以后,再用这种视角去看很多好的建筑的时候,会发现光这个要素在建筑中都是被有意地考虑过的,而不是偶然产生的。这个话题在教学中应该被提及和关注。

当然我在清华带设计课的时候也是这个题目,我认为光不仅是一个视觉效果的问题,它关乎空间中时间、氛围、情绪、身体等要素,无疑是一个值得关注的问题。

光把人和世界联系在一起

目前来看我在清华所带设计课的题目设置，与在 ADA 设立的研究所及教学工作是相同的。其目的还是想让大家、让学生在这个年纪能够有机会知道建筑中有这样一件事，而且这是一个很系统的事。也就是说光在建筑中不仅是一个效果的问题，它在空间层面还有很多意义，其中一个意义就是光把人和世界联系在一起了。光作为这种连接的一个很重要的途径，它就不仅是一个视觉性的设置。它是把一个有限的空间和一个更大的时空联系在一起的非常重要的途径，所以我认为首先这个题目是有意义的。但是从实际学生接受程度来看，我觉得清华这个设计课的时间设定为八周还是有点短。我一直希望能变成十六周，让同学真正能用十六周把这个题目彻底给吃透了。

传统很多时候越隐性越好

首先我在想文明是怎么形成的，或者说一个时代的传统或文化是怎么积累下来的问题。如果抛开这些作为遗存的属性，它们都是那个年代的人在当时的条件下去面对或解决他的社会生存问题的一种智慧的体现。

落实到建筑行业中，比如瓦是怎么形成的？是因为当时没有化学防水材料，不能让水停在屋顶上，就必须建造坡屋顶，把土烧成可以抗水的东西，一片搭一片，这样水就流下来了。但这还是机械的、物理意义上的解决问题，还不能算是传统的全部。传统肯定是将每个地域在文化意向上的内容糅合在一起。比如同样是坡屋顶，中国人慢慢选择了曲线，也许就是考虑屋顶和天空的一种关系，而西方的坡屋顶就没有这样的曲线特征。所以我觉得传统是一个特别复杂的问题。但是我认为最核心的实际上还是智慧。就是在那个特定的时间点，你怎么去面对那个时候需要去迫切解决的问题。一万多年前是生存的问题，是与动物搏

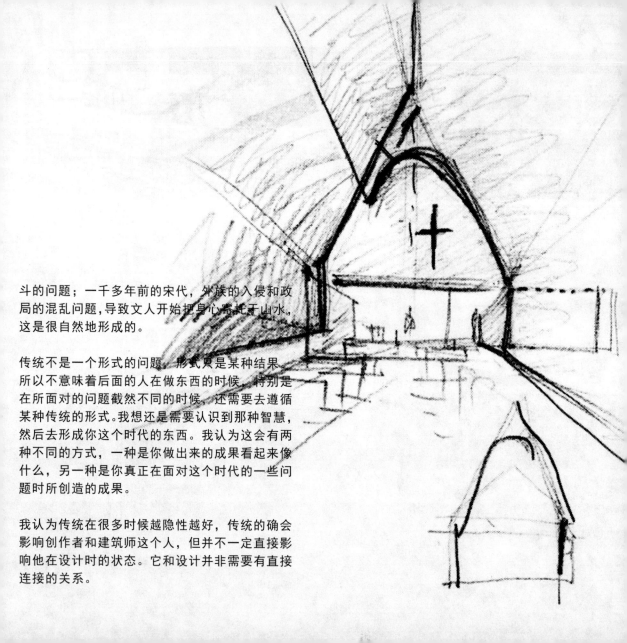

斗的问题；一千多年前的宋代，外族的入侵和政局的混乱问题，导致文人开始把身心寄托于山水，这是很自然地形成的。

传统不是一个形式的问题，形式只是某种结果，所以不意味着后面的人在做东西的时候，特别是在所面对的问题截然不同的时候，还需要去遵循某种传统的形式。我想还是需要认识到那种智慧，然后去形成你这个时代的东西。我认为这会有两种不同的方式，一种是你做出来的成果看起来像什么，另一种是你真正在面对这个时代的一些问题时所创造的成果。

我认为传统在很多时候越隐性越好，传统的确会影响创作者和建筑师这个人，但并不一定直接影响他在设计时的状态。它和设计并非需要有直接连接的关系。

在乎西方怎么看我们是由于没有建立起一个完整的价值观系统

首先 ADA 在今天的中国成立肯定会是有意义的。就我个人而言其实是很愿意参与其中的,尤其是 ADA 的这些老师们,每个人都有自己的一套想法,然后大家集中到一起,最终不管是直接的,亦或间接的,老师之间会产生互相的碰撞,这肯定是有意义的。

同时,我想我们的教学中应该强调"正"的方面,去建立一套完整的价值系统很重要。我们的文化中有着自卑的方面。就像住宅小区要盖欧陆风情,是有内在原因的。因为这种现象反映了文化的潜在认识中认为欧美的就是更高贵的,这代表着一个社会的心态,并不是开发商的单方面主导问题。那么反观我们自身,实际上也延续了相似的问题,有时建筑师也会很巧妙地去拨动那根弦。

我觉得这也是由于我们处在很特殊的阶段,还没有建立起一个完整的价值观系统,这就会让我们很在乎西方怎么看我们,去思考为什么这些建筑师会在西方获得成绩,然后有人会专门走这条路,由外而内地发展。我想我们或多或少都会有这方面的倾向,会在乎奖项、展览等。只要在乎了,你就会自觉不自觉地受其影响。如果 ADA 能够通过一种碰撞帮助建立某种更属于我们的价值系统,我想会是特别有意义的一件事。

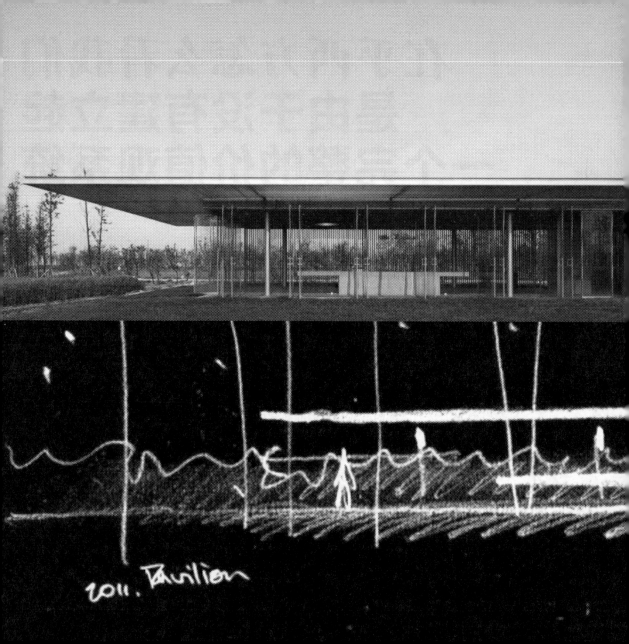
2011. Pavilion

关注自己的情绪
以及对场地的感知

对我影响比较大的教育经历有两段，一段是我在清华上本科的时候，我们有一个美术组。当时我们有一位姓周的美术老师，他是从工艺美院调来教水彩、素描。后来他跟我们说，他认为这些教学都不是好方法，只是一种技法的训练。所以当时他在跨五个年级的学生中，每个年级选两三个人，共同组成了一个美术小组。比如张轲、华黎、王辉都是这个美术小组的成员。美术小组每周日出去写生，画法跟课堂上的画法完全不一样，老师完全不在乎你的技法。他强调让我们关注自己的情绪，以及对这块场地的感知。这段经历对我来说甚至会影响到我现在在很多建筑设计中看到场地时的那种感知。另外一段教育经历就是我在美国上学时接触到的关于光的思考。

让建筑学教育
回到建筑学本身

关于建筑学的教育,我自己认为,如果非常简短地总结的话,就是要让建筑学教育回到建筑学本身。因为我有时会感觉到我们的教学与建筑学相距甚远。比如我自己所经历的教育,更加倾向于培养对接设计院工种的人才。当然这些知识和技能都是建筑中重要的内容,但是它只是一个局部的问题,不是建筑学教育最应该解决的本质问题。

我认为教育就是让学生意识到从最原本的那个起点出发去思考问题,或者说启示学生应该怎么去思考一个建筑的问题,而不是教给学生一些招儿。尽管这些招儿是被几代人研究、吃透的,但实际上对学生的发展而言不一定就是好的。如果学生不按照招法解决问题就是低分,按照招法就是高分的话,就不能真正让学生关注到问题的本质。那么将来他在面对一个项目的时候,他很难从更本质的问题着手去思考。我认为只有能从建筑最原本的问题开始想,才会一代一代培养出好的建筑师。也就是说你会开花,是因为你从根上汲取

营养在生长。不应该是嫁接,不然无论如何生长也会处于寄生的状态。建筑的教育不能都是一些套路化的教育,需要涉及很基本的问题。

建筑学的很多基本问题都是在回应一个大问题:人怎样生存在这个世界上,怎么认知这个世界。我想空间恰恰就是人认知这个世界的一种方式。空间是连接人的身体的局限和外部世界的无限之间的一个媒介。

绘画、雕塑、建筑三者中建筑是滞后的

建筑、设计、艺术三者肯定是相互关联的,实际上它们都是分支,是具体的社会、那个时代的文化思辨等问题的分支,只不过是落实到绘画上,还是雕塑上,或者是建筑上的区别。但三者中建筑往往是滞后的,而纯艺术会走在前面。这可能跟物理操作有关系,建筑受制于很多事物,如人的习惯、生活方式、甲方的接受度等,所以建筑往往是在市场和甲方受到影响、产生转变之后才慢慢出现。影响则是靠哲学、绘画、诗歌、文学来完成的,因为它们的成本低,可以很自我、很极端、反应很迅速。其制造出来的这个波浪会影响这个社会,之后建筑

材料必须有"材料感"是一种误解

在建筑中光的确非常重要,但同时还有别的很重要的内容。比如建筑中的材料。当然这里提到的材料不一定是指具象的材料,比如说抽象的白也是一种材料。这些材料为何这样呈现,背后其实是有着深刻的考虑的。材料在中国被讨论得很多,但是在我国现状的条件下,材料也可能会被误解为必须是有材料感的。实际上也可以看到,很多建筑师的实践里的材料处理,是刻意去掉材料感的。这可能就是每个建筑师的价值观取向了。

就我个人的实践而言,要剖析一下的话可以画个剖面,看到 2012 年、2013 年是我对材料认识转变的一个节点。在这个节点之前其实都是一种幕墙系统,往往是干挂操作;在这个节点之后慢慢出现现场浇筑这样的湿操作。但是这种转变的原因是什么,我自己也没太搞清楚。我想自身直觉里有对某种力量的那种期待可能是原因。

我觉得我对建筑真正的独立思考是创业之后开始的,我想这一点就是因人而异的。因为我上学的时候不是特别会和老师教的东西发生对立观点的状态,在工作之后也是渴望学习的状态,感觉自己在实践里学到了很多东西,但恰恰你学到的这些东西不一定是你自己心里想的东西。最初的实践中就会有一种很自然的一些惯用的状态,有一点套路化。很多因素,导致了头几年做的不一定是属于你的东西,然后慢慢地就会很自然地感觉到有点问题。这些感觉也许是积累,也许是直觉,尤其当你的房子被盖出来自己看到后,那个验证是很真实的,你可以确认你认不认同。

我在实践中感觉建筑中挺难的一个话题,就是所谓的舒适度、质量及效率。首先,涉及舒适到什么程度算舒适、建筑的质量是建筑中什么的质量等问题,我认为这些都是需要讨论的话题。比如你就看窗外的某些房子的立面,可能十年之后还是这样,因为符合工业标准的铝板、石材等材料,使得它会长久保持"新"的状态。所以你从这个

普遍意义来讲，这个房子的质量就算是很好的。但是建筑材料还会承载一些其他的东西，你看到这些铝板和石材的时候就与你看到一块褪了色的木头或者长了青苔的混凝土感觉不同，这就是人存在于环境里面的一种身体的知觉。这种知觉会把一个空间和物体与进到这个空间里面的人衔接在一起。那么这样看，往往有些质量很好的房子反而会缺少这种衔接感，你就觉得它是它，你是你。但有时不那么"新"的房子，却带着另一种价值。那么建筑中到底哪个更重要，我觉得是个取向问题。

我在欧洲、美国旅行的时候，发现被我们今天称之为建筑的空间，当你进去之后会感觉有一股"气儿"很实在地存在于建筑中。我相信那个"气儿"就是建筑师的"气儿"，就是建筑师的智慧物化到那个空间里面，被永久地承载在那个空间里面。然后我们再去那个空间，就能感觉到那个能量的存在。

所以我觉得建筑也是人类智慧的传承，就如我们现在看到梵高的画还是会被感动，这是人类的一种能量，画家的智慧在那个年代像炭火盆一样瞬间烧完了，但它会存在于他的那些画里，画就会感化到后面的一代代的艺术家。建筑也是一样的，其实都是智慧的一种物化。这种智慧还不仅是具象的材料、功能。因为从建筑的视角看来，甚至废墟反而有一种把浮华全部抹掉后剩下的共通而透明的东西。

建筑与地域研究所
Architecture and Region Institution

地域的意义在于基于地理区域的自然条件（气候、资源等）逐渐形成的一个社会生态系统，包含技术传统、生活方式、宗教信仰及社会组织等。在全球化时代，地域正遭遇现代技术和经济组织的冲击和瓦解而处于急剧变迁中。现代技术与组织的问题在于割裂人与自然、土地、环境的直接关系，并且抹平世界本应具有的差异性与多样性。对建筑与地域的研究，致力于发现在地域传统中与身体、心灵密切相关的文化与建造智慧，探寻在今天的技术条件下如何以动态的和历史的视角重新理解建筑的地域性并塑造地域中的建筑。

The meaning of region is that an ecological social system is gradually formed based on the natural conditions (climate, resources and so on) of the geographic area, including traditional technology, life style, religion and social organization. In the era of globalization, region is facing the impact of modern technology and economic organization and is disintegrating and rapidly transforming. The problem of modern technology and organization is that they sever the direct relationship between human and nature, land and environment, and destroy the difference and diversity that the world should have. The study of architecture and region is devoted to discovering the culture that is closely related to body and soul, and the intelligence existing in architecture in regional tradition, explores how to understand the local features of the architecture dynamically and historically and build architectures belong to the region with current technology.

华 黎
建筑与地域研究所主持人

1994 年毕业于清华大学建筑学院获建筑学学士学位
1997 年毕业于清华大学建筑学院获建筑学硕士学位
1999 年毕业于耶鲁大学建筑学院获建筑学硕士学位
曾工作于纽约 Herbert Beckhard & Frank Richlan 建筑设计事务所
2003 年回到北京开始独立建筑实践
2009 年创立 TAO
2013 年清华大学建筑学院设计导师
现为 ADA 研究中心建筑与地域研究所主持人

重要的是去捕捉
建筑里面的一种品质

我在设计课程中发现,学生们基本上是本着一个缺什么补什么的思路,当时我设定题目也是考虑到清华学生反应都很快,脑子很聪明。但是这种状况也往往使得学生们更容易掉到聪明里面,很容易就会有一个想法,然后就做出来并且说得头头是道。但越是这种状态,可能反而越丧失了一些更细腻和敏感的东西。有些东西是需要你慢下来和沉默一下再去感受的,我认为学生可能更需要的就是理解到需要这样一种状态,去捕捉建筑里面的一种品质。所以,当时出的题目,工作方法的设定,都是针对这些思考,希望在这些方面能够挖掘和训练学生。我自己感觉有一定的作用。但具体作用多大,可能还是跟学生个人的品格和兴趣有关。

另一个体会就是,这样一个开放设计是很短暂的,在他五年的整体训练里面只有短短的八周,可能跟学校的整体教学不能产生联系。这个教学跟他们做的其他的训练是没有连贯性的,也是脱节的。

所以就会出现学生有一些基本功和一些基本的认识的储备跟你预想的不一样。我认为这个是有一点问题的,因为五年的建筑本科教育,尤其是前三年,还是要有一个连续性的、基础性的训练和储备。因为毕竟是本科,如果是研究生的话可以更自由,换句话说,如果是研究生的课程,也许就不是这个题目设定了。

我感觉可能这个开放式教学晚一些介入会更合适。到四年级下半学期,甚至研究生阶段。因为这些老师的题目都很多样化,这种多样化的选择,更适合高年级的状态。

建筑里面也一定要有艺术

文艺复兴时期艺术家的状态应该说是一种理想状态，一个人兼备多个领域的知识、技能和天赋。如果能达到这种状态是很棒的。但是我们现在被分化了，建筑、设计和艺术分为了三个部分。这三个领域显然是有交集的，可能建筑和设计相对来说更类似一些，因为二者都要有用途方面的考虑。而艺术则纯粹是精神层面的，或者说审美层面对人产生影响，它不牵扯实用的问题。但是建筑里面也一定要有艺术，不然就降格成一个纯实用的 Building(房子)了，就没有什么意思了。所以，建筑师确实也需要艺术修养，应该经常关注艺术和绘画，对事物保持敏感，然后这种敏感才会体现在你的设计里面。就像是给花浇水、浇营养液，不然就长得没有那么好了。我们经常说："功夫在建筑外"，就是说建筑追求的这种精神层面的东西不仅仅是在建筑本身。所以建筑师还是应该更敏感，或者说更文艺复兴一些。那种理想状态是努力的方向。达·芬奇就是这样的状态，但是有几个人能像达·芬奇那样，比如他对比例的研究，对人体的分析，跟他做解剖的关系是很密切的。如果做过解剖你就会知道肌肉的结构，它也是相互作用，并不仅仅是形式。他对形式一定很敏感，但同时又兼具理性分析，我觉得建筑也往往是这样的一种状态。

我认为建筑师应该兼具艺术家和工程师的两种状态。相对而言会更多地倾向于艺术家，但是工匠的作用也很重要，就是因为建筑和艺术终究是不一样的。建筑还不能如艺术般自由地表达，它不能脱离物质的基础和一定的客观性。

做建筑就是挖掘
场所和内容的关系

建筑对我来说有两个层面，第一个层面是作为场所来理解，场所也是我们经常说到的概念，我认为场所应该被理解为一种体验，那么做建筑就是创造场所，创造一种体验，这一定是有主观的指向性的。第二个层面，建筑本身作为形式是一种完全自治或独立的概念，形式本身也有很高的价值。而且形式的价值可能让建筑变成一种类似于绘画的艺术。就我个人的理解，场所和形式二者之间肯定是相互作用的关系。但是也会有二者不产生交集的情况，可能有的建筑只关注形式，并没有太关注或者说有意塑造一个有强烈性格的场所。我个人认为这二者中可能场所更重要，换句话说，建筑有的时候在形式方面并不是那么凸现，但是它依然可以创造一个很有感染力的场所。

如果谈建筑（Architecture）和房子（Building）是怎么样的关系的话，首先 Building 在英语里面更多地是一个涉及建造的问题，是带有更多技术含义的一个概念，而 Architecture 显然更多地带有艺术和人文内涵的方面。我认为 Building 也是很重要的，因为它是建筑的物质基础，比如说构造、材料、建造方式等。虽然 Building 在一开始可能是基于技术的出发点，但是最后可以演变成一种文化，就又变成了建筑中很内核的一个方面。所以这两个概念我觉得是互相牵扯的关系，不是完全相互独立的概念。当然你也可以认为 Building 是为 Architecture 服务的，但是反过来说 Architecture 也要尊重 building 内在的逻辑，否则在我看来，就变成纯绘画了。

我有时会看到一个房子各种技术、节点都解决得很好，但是缺乏一种感染力的情况，我想就是因为它还没有上升到一个艺术品的状态。相反地，我有时也会看到一个房子很破败，施工也不好，但是被感染的情况，我认为这就是形式的作用。

但是也不是说施工和材料等内容与这种感染力没有关系，而是说形式并不是仅取决于某单一的因素。比如说空间，它当然是一种最有力的形式，是建筑里面形式表达的方式。但是像材料和构造我认为也是形式的一部分，而且跟空间应该有很紧密的关系。同样一个空间用不同的材料，最后表达出来的形式感一定是不一样的，带给人的体验也会是非常不一样的。包括创造精神层面的东西，材料的不同也会带来很大差别。所以形式不是纯抽象的，还与物质有很密切的关系，并非完全可以被抽象成一个纯空间形式。

我认为你对材料和构造的选择，还是从你对你想创造这个场所的出发点来的。这个东西实际上还是带有很强的主观性，是个人的选择。它围绕着你的感觉和想创造的内容，不是纯理性的。

另一方面，一旦我们说到功能这个词就容易产生理解上的问题，功能往往导致对实用的对应理解，但是建筑的实用性相对来说是最基本层级的内容。我们探讨更多的应该是建筑对于人的感染力和精神层面的作用，这显然是超越于功能的，这也是为什么我很少说功能的概念，而更多是用场所的概念。场所和功能的区别就在于场所更多是感知层面的，而不是工具层面的。所以我觉得功能在建筑中不是那么重要。你可以把它解决得很好，但功能是可以改变的。一个建筑的功能是弹性的，但是你在这个建筑里面创造的场所品质是最内核的、不会改变的，不管谁来使用，或者什么功能被置入。

我比较认同一种说法，就是每一种类型的建筑都是一个 House，不同的建筑是 "House for different thing"。而 House 就是场所，我们可以说教堂是 House for God，美术馆是 House for art works。因为它对应的里面的内容不一样，做建筑就是挖掘场所和内容的关系，这就是我认为的场所的意义。

"没有题目的演讲最难"

我现在对地域的理解更多是关乎于尺度。以前我们经常说的地域，是定义为建筑跟某地区的传统、文化、气候、建造方式等内容的关系。当然这也是地域问题的一个部分，但现在我更倾向于表达的地域问题是关于尺度的，是在更微观的尺度上去看。所谓的地域如果真落实到一个建筑上来说，每一个建筑自身和它所处的场地环境的关系都是有地域性的，就是说即便几个房子都建设在同一个区域，而每一个具体房子个体的场地都是特别的，所以可以说每一个场地都是有地域性的。也就是说，我谈的地域是建筑在更小的一个尺度范围内与环境的这种千丝万缕的联系，包括气候的、地理的、地质的、地形本身的形态等，也会包括当地传统。所以我认为我要说的地域应该是一个非常综合的品质，做建筑首先应去理解场地里面已经有的一些会影响你的要素，然后在设计的时候，这些东西会对你的思考和设计产生很强的作用。

做建筑并不仅仅是一个主观的投射，而是要吸取很多外部的影响，最终的结果一定是既有你主观的内部投射，但同时又吸收了外部的这种影响，最后综合作用出来的这样一个结果。所以我个人

认为一个建筑不可能完全是你主观的内部投射，一定都会或多或少有外部的因素作用。除非你是在一个完全真空的场地里面设计，但我们也知道那实际上才是最难的。就像你上台，没有题目直接做一个演讲，这其实最难。建筑还是要吸取跟环境的关系，不可能是完全孤立的状态。也就是说建筑都是处于一种情境当中的，不是在纯抽象的状态当中。当然也存在那样的状态，周边不存在情境，然后完全去探讨建筑本身的秩序，那这个时候我觉得形式的问题就会更加地凸现出来。所以我们谈论的还是建筑处于一个什么样的条件当中，条件会影响你怎么去做建筑。

所以，实际上还是上下文的关系问题，可能也解释了我之前做的项目。并没有在形式上可以特别容易地解读为某种风格，但看上去相互间可能差别还挺大的，这可能就跟外部的这种情境和上下文的影响是有关系的。

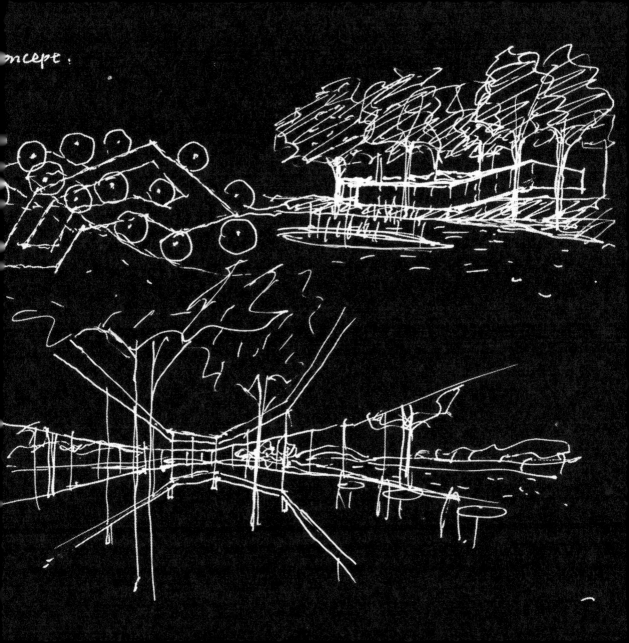

建筑院校规模不重要

首先我认为建筑学教育不管在哪都不应该脱离建筑学比较核心的本体训练。如果泛泛地来说，我自己体会美国的学校就是在建筑教育，尤其研究生教育上面有点儿跑偏了。相比美国而言，我觉得欧洲的建筑教育还是建立在建筑学很核心的内容上，对空间形式、材料建造很关注，比如说像ETH这种学校。美国会更多地走向各种方向的探讨，但实际上往往是从建筑跨到另一个领域的尝试，比如说哲学等理论或方法。尤其是在20世纪90年代，我对此体会较深。因为我是20世纪90年代末在美国留学。我所认为的建筑学本体的基础训练就是对尺度、比例的把握训练，尽管可能这个是一种比较古典的方式，但我认为建筑学还是需要这个训练的，我觉得这是基石，不能完全脱离。有人说比例、尺度不重要，这一点我完全不认同。

当然也不能说这些非建筑学本体的内容无用，但是我觉得在基础教育里面提这个，实际上就有点儿本末倒置了。所以我认为可能建筑教育就应该在合适的阶段做对的事情。建筑学教育系统就像建筑的结构一样，比如基础怎么做，上部的结构怎么做，然后里面的路径怎么走，这个本身是需要设计的。因为我也在清华大学参与开放设计教学,期间也感觉,如果一个学校想让它整体的教育水平提高的话,实际上需要一个很好的整体设计,任何学校都一定是这样的,应该先把基本功训练做好,尤其对于本科来说,当然研究生可以发展更多自己感兴趣的研究主题。另外我觉得建筑学教育对于一个学校或一个机构来说,还是需要有一个核心的主题,因为很多建筑学校是比较多元化的,很多老师有着不同的研究方向和兴趣点,这种多样性本身对高年级的阶段不是问题,但是在低年级的时候,多样性反而会让学生找不到北。所以一个学校应该有一个核心的价值观,或者说有一个被更广泛认同的一种价值来作为核心。学校中的老师会各不相同,但应该彼此之间对这个核心价值观要认同。比如像库伯联盟,在20世纪七八十年代,海杜克当院长的时候,教学体系还是围绕着一个比较核心的观点或审美价值展开的。

当然库伯联盟也是有多样性的,因为我记得以前去看海杜克和艾森曼在工作室评图中的辩论,其实就是两种语境,一个是诗人,一个是理论家,这个对谈属于两种语系,其实是没有办法交流的。但是这个学校的领导者和核心的人如果有一个很强大的自身学术观点或建树的话,那的确是会有很大的影响力的。

就是说,其实建筑院校规模不重要,因不同的理解来招收不同的学生聚集在一起,可能是更好的教育生态。甚至可以说一个老师就是一个学校。现在学校中有很多老师,但是他们的建筑学观点和价值体系完全不同,虽然都在一个学校,但实际上也可以把它理解成一个学校里面的 N 个小学校。ADA 就是多样化的。

住宅
Institution
for
Residence
研究所

住宅作为人与建筑空间关系最紧密的连接点,它理应最直接地反映每个时代的特征,以及这一时代每个人对生活的理解。但在我国当代的开发模式下,住宅的建造往往容易脱离居住者具体的行为需求,并丧失了生活的多种可能性。在交通和信息速度飞速发展的当下,人口的全球化迁移越来越明显,这就对住宅如何为生活提供更多可能性提出了新的挑战。面对这种由复杂影响因素所构成的挑战,需要以理性的研究作为依据。住宅研究所便试图通过试验性的研究,探索人的生活行为与住宅这一重要生活场景容器间的关系。

Residence is where human and architectural space is most closely connected. It is supposed to be the most direct reflection of the characteristics of every era and people's understanding of life in the era. But under our contemporary real estate development model, residential construction is often easily detached from occupants' specific need, and also lacking diverse living possibilities. As the transportation and information develop rapidly, global migration of population becomes more and more obvious, which presents new challenges about how residence offers more possibilities for living. Faced with this complex challenge, we need to react on a rational basis. Residence Laboratory attempts to explore the relationship between human living behavior and residence through rational and experimental study.

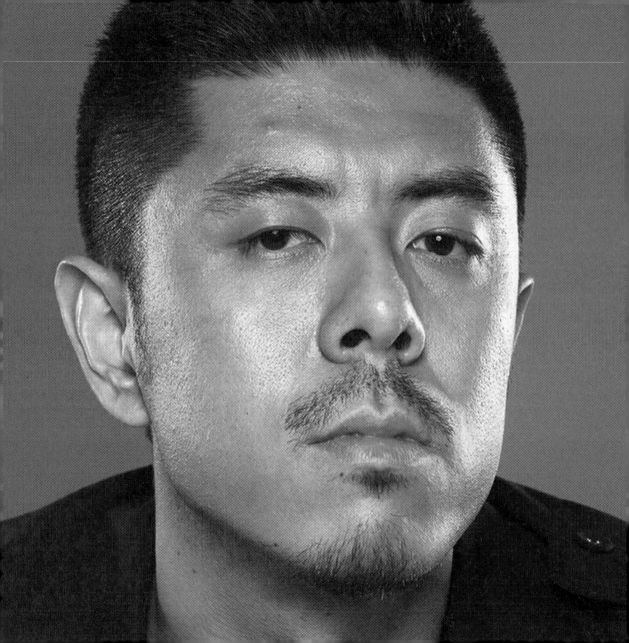

马岩松
住宅研究所主持人

1999 毕业于北京建筑工程学院建筑系获建筑学学士学位
2003 毕业于美国耶鲁大学建筑系获建筑学硕士学位
2004 年成立 MAD 建筑事务所
曾先后执教于中央美术学院、清华大学
现为 ADA 研究中心住宅研究所主持人

建筑就是最大的艺术

我认为建筑就是最大的艺术。建筑与绘画等艺术不同,不是你不去看展览就能摆脱的,它一直会给人以巨大的影响。建筑反映了真实的人类思想水平,同时它也塑造了人类的生活。所以我觉得这样来看建筑可能是最大的艺术。

且看身边的房子,其实大部分也不是艺术。我们身边的大部分房子的那种现实感,跟艺术中的那种非现实感好像还是存在着一种区别。大家觉得建筑应该是实在的东西,但其实它完全有一种能力,成为一个能够从设计、感受、行为体验中都给人以很大的震撼和启发的大的作品。所以我认为不管专业分得多么细、有多少种类,其内在的那种独特的价值才是最重要的。如果要形成影响人的环境,就必须具有一种强大的价值。就像一个大艺术家,他可以在不同的社会环境中的任何情况下,去宣扬一种不同于其他人的价值。我觉得这是超越了设计的内容。或者说,如果将很多设计堆在一起,而其中没有一个很强的整体内在价值的话,那么这个设计也就没有什么用了。

还是要强调,我觉得建筑就是艺术,不然建筑学就是工民建、水暖电专业了,因为那些专业的人才就可以把房子盖起来。

务虚的课程十分重要

我认为国外学校的建筑学教育也会分很多种，有很多学校和国内的大部分学校的建筑学课程差不多，会比较讲究技术的传授和教育。从我个人经历的出国留学经验来看，我就读的那个学校课程设置中务虚的内容则比较多。

比如说，给我留下十分深刻印象的是有一个叫当代建筑批评的课程。课程的内容就是老师把同一个时期的建筑、艺术的实践，以及相关的文化、音乐、戏剧等内容横向地切出一块，给你一组复印的文字，要求你在下一节课前读完。阅读后撰写报告，说一下你认为这个被切出来的一块时期是怎样的。之后就再选取一个时期，重复这样的阅读与感想交流。课程就通过这样的一种方式来让你去了解到，建筑作为大文化背景中的一个部分的情形。这个课程的老师会说："你们学完这个课，跟你们能不能做好设计是没有关系的"。感觉这就像我们上学时的政治课，不管你具体学什么专业，首先要学习马哲。记得上这门课程的时候我英文也不好，每个礼拜写一篇读后感，我所写的就全是自己的感觉描述，比较直觉化。比如，我就会直接写到，这个人物我喜欢，那个人我不喜欢等这类的话。我认为这种务虚的课程在学校中是十分重要的。另外，国外的学校还会有一些资历非常老的教授在主持这样的务虚的教学内容。比如我们学校有一个教授，在路易·康读书时候他就是这个学校的老师，他是一个建筑批评家。我感觉像国外的著名建筑学院，如哈佛、哥大等学校都有这样的老批评家。通过他们对建筑师实践的总结与批评，会给整个的实践氛围带来批判性，也会因此而造成有一种年轻的活力。新的东西有一种尊重的气氛吧，而不是一种学派或一种很权威的东西。我认为这是一些学校非常宝贵的方面，它能对建筑文化，对建筑界，对学术，保持一种很独立的批判，这对年轻学生而言是很大的财富。因为当他们要充满那种批判性的时候，他们就必须建立自己，不能只是单纯的学习，需要思考自己希望做的事情，这样自身就会成为一种新的力量。

应该触及本质与真实

我认为与国外的年轻人相比，中国的学生理解力、解决问题的能力都很强。他们能很快地理解你的题，跟你进行讨论，但同时我认为他们又有一些"高低不就"。"低"的方面就是指他们是否能真的去了解到这个社会的真实问题，中国的学生在这方面有着明显的不足。比如我们做关于社会住宅的研究工作时，大家就只是查查资料，或去一两处住宅现场调研一下，这样很难对实际问题有非常深入和细致的了解。他们首先还是忘不了自己是一个大学生的这样一个身份。相比之下，美国有些学校会非常看重如做木工等实际动手的工作，学生在一年的实践以后几乎都变得跟木工一样了。而如果是我们的学生，他就会觉得这是一节课，把这个课的作业做好就可以了。这就是"低"的不就。"高"的方面就是指当谈到非常抽象的哲学或思想的内容时，也会有着比较严重的缺失。

不同价值的人
聚在一起就会有种活力

我认为无论是ADA的各位老师还是知识分子或建筑师,只要是具有独立性的,就意味着他们有自己独立的价值,他不代表着某种权威或群体、团体。所以当有着不同的价值的人聚在一起的时候,就会有一种活力,这就是我特别喜欢的那种学术环境。就像我在美国上学时的学校,没有特别强的单一方向,而是各种不同的人聚集在一起,形成了一个谁都不具有正确性的环境。在这样的环境中,每个学生自己就需要找个缝独立成长起来。我认为这样的环境与那种有清晰方向、有统一看法的学校相比,作为学术环境来说是更健康的。

我觉得作为教育实践,ADA给学生提供的环境已经相当仁慈了。因为我认为无论是在正统的教学系统里,还是ADA这样的独立机构里面,都是有可能出现人才的。但是这个人才必须是一个有独立见解和反叛的人。只不过在正统教学系统里的学生和在这种独立组织里的人相比,后者的环境中更有可能出现这样的反叛和独立。因为这种方向,这种松散,或者这种撞击更有可能出现。但是如果学生作为个人不够强大的话,我觉得即便在这样的一个松散的、具有碰撞的组织中,也很难成为具有独立价值的人。

我认为像ADA这样的独立学术机构,其目标不能与既有学院体制对抗,还需要从整个的国际视野层面有其先锋性。因为中国当下看到的建筑问题已经不只是中国的问题了,很多我们关心的问题也是更大范围存在的问题。从很多方面看,我们应该关心更先锋的、更有普遍性的问题。具体的说,我国正处在工业文明末期,那么要往什么方向走的问题,在中国就是一个大问题。中国从农耕文明直接到现代,三十年的城市化进程发展至今浓缩了整个工业文明。现在就面临着选择,是继续走这条路,重复和超越西方对更高更快更强的追求?还是另辟新路,发展出一个新的文明?我想这是个大问题,不但是中国的问题,也可能是世界的问题。因为在我们的追赶下,西方现在也与我们在同一个发展阶段,也到了要再考虑未来的城市如何转变、建筑如何理解的时期。我们需要这类属于自己的比较独特的、专一的关注点。

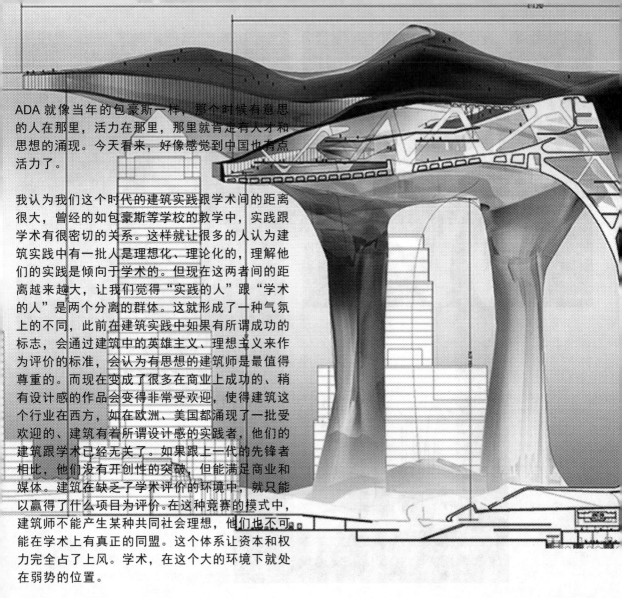

ADA 就像当年的包豪斯一样，那个时候有意思的人在那里，活力在那里，那里就肯定有人才和思想的涌现。今天看来，好像感觉到中国也有点活力了。

我认为我们这个时代的建筑实践跟学术间的距离很大，曾经的如包豪斯等学校的教学中，实践跟学术有很密切的关系。这样就让很多的人认为建筑实践中有一批人是理想化、理论化的，理解他们的实践是倾向于学术的。但现在这两者间的距离越来越大，让我们觉得"实践的人"跟"学术的人"是两个分离的群体。这就形成了一种气氛上的不同，此前在建筑实践中如果有所谓成功的标志，会通过建筑中的英雄主义、理想主义来作为评价的标准，会认为有思想的建筑师是最值得尊重的。而现在变成了很多在商业上成功的、稍有设计感的作品会变得非常受欢迎，使得建筑这个行业在西方，如在欧洲、美国都涌现了一批受欢迎的、建筑有着所谓设计感的实践者，他们的建筑跟学术已经无关了。如果跟上一代的先锋者相比，他们没有开创性的突破，但能满足商业和媒体。建筑在缺乏了学术评价的环境中，就只能以赢得了什么项目为评价。在这种竞赛的模式中，建筑师不能产生某种共同社会理想，他们也不可能在学术上有真正的同盟。这个体系让资本和权力完全占了上风。学术，在这个大的环境下就处在弱势的位置。

住宅是城市中最主要的建筑

我在决定将研究所设定为住宅研究所的时候,已经对集合住宅的问题思考过一段时间,但那时候我还不知道集合住宅的问题有多难。我想到的第一个问题就是,整个中国拥有这样巨大的住宅建设量,但却缺乏创新。同时,住宅作为一种建筑形式其实是城市最主要的建筑组成部分,我们普遍关注的某一两个建筑其实并不是城市中最重要的建筑类型。这两个问题引发了我对住宅问题的好奇,也刚好那时候我们有一个公租房项目,我就想试一试,看看有没有新的可能性。因此之后我在清华带的课程设计,就是社会住宅这个题目。

我在开始课程的时候得知学生们刚上完一个住区规划的设计课题,我起初担心这样课程内容就重复了,和同学们沟通后发现,可能出发点不太相同也就并没有重复。然后这个课程就用了半学期,让学生们设想自己的理想社区住宅是什么样子。起初先是描述自己的想象,一种比较虚的方式。之后在后半学期,让学生们着手设计,看能不能把自己之前推敲出的那几条设想做到。我觉得在设计住宅的过程中实现自己理想社区的样子是很重要的。因为去欧洲时看到他们有一些社会福利住宅,那些社会住宅的造价肯定比我们的都要高,也很有设计感。但是由于这样的社区环境和居住在那里的人之间的对比,住宅做得越有设计感会越让人觉得有些凄凉,就像是被要求需要穿上一件比较新的衣服。这就让我想到北京的社会住宅,如果从生活的社区感觉和尊严来讲,是非常不理想的状态。同时,其实豪宅从这种感受和尊严的角度来看,也并没有好很多。这样的思考就让我想到山水城市的概念,尽管有人质疑山水城市的房子都是高造价,但我还是很相信山水城市是一种有着社会诉求的社区形式,会成为使社会和社区得到融合的这样一种理想的形态。我想,如果要证明这个想法,社会住宅的实践会是再好不过的建筑类型。

具体到我的学生最后做出的设计来看,其中几个作业里的设想和设计我感觉还是有创新的，跟现实很不一样。但问题是在那个时候我自己也没做一个真正的住宅项目，所以我会对他们所做的探索都认可，但当我自己实践的时候发现，住宅能做到理想化是十分困难的。我们设计的公租房没有一般住宅的规范那么苛刻。但即便如此，如果想从整个的规划、社区，一直到每户的空间设计都做到有所突破仍然十分困难。所以这个住宅的设计过程中是一半理想、一半现实。我觉得在这个项目中试图营造一种价值和归属感，通过和谐的生活环境让人有尊严。这种环境和归属感我觉得是需要人情味，比如说我会对老一些的房子有好感，因为如果房子很高大、雕梁画栋，会让我感觉房子的气场大过了人。我觉得哪怕房子小一点，但是有情趣、有自然、有好的光线，社区中有朋友、有邻居，会是一种挺惬意的生活，能带给人满足感，这种满足感就是我探索的住宅中最希望实现的。这样的社区环境的满足感，会大于用建筑材料、装饰及房子的大小所造成的价值。

该书通过马岩松极富个人特征的语言，向读者阐释 MAD 一直以来实践的"山水城市"建筑理念——"建筑师该为未来城市描绘新的理想，将城市的密度与功能和山水意境结合起来，建造以人的精神和文化价值观为核心的未来城市，并可以为每一个城市居民所共享，或可称其为'山水城市'。"

不建立自己的价值或信仰就会变成别人

我觉得建筑教育最大的问题,是缺少让学生把建筑作为文化驱动力或社会文化力量的这种启发和认识教育。建筑教育中,大家首先就不认为建筑是艺术或文化,那么再去谈在这样的体系下培养的学生能把建筑作为一种通过文化改造社会的手段,就会差得更远了。所以我觉得在建筑学的教育中,这方面存在非常严重的缺失。这种现状就会造成学生不能确定自己要做什么、自己是怎样的一种人、自己相信的东西是什么,同时会缺失掉自己对未来所应有的坚定信念。因为上述这些引导是在文化方向上的判断,那么如果教育认为应更多地强调在技巧方面的培训和去认识不同的价值方向里面的具体做法,而非培养学生的自我价值判断的话,那学生就会在建立起自己的价值或信仰之前,早早地变成了别人。

中国现代
建筑历史
Chinese
Modern Architectural
研究所 History

"中国建筑"在20世纪世界建筑史中是缺席的，是无声的，更是"绝对弱化"的，那是因"第二次世界大战"过后的世界局势而致使"建筑史"编写的剥离，以及"中国近代"在历史演变过程中，建筑因战火而被"摧毁"或"遗失"，也因时局发展而使建筑被忽略（间接）和省略（直接），因此，"中国现代建筑历史研究所"的成立，希冀在"现代建筑"的立基点上进行广泛而深入的考据，系统性的研究与梳理，企图以一个"完整呈现"的视点来重整与还原关于"中国建筑"的一切，并勾勒出"中国建筑"在20世纪世界建筑发展史上自身的角色和定位，最终，能"填补"被世界建筑史所遗忘的"中国建筑"，裨益于对"建筑史"的资讯与知识之普及。

In the 20th century global architectural history, the voice of "Chinese Architecture" is absent and "absolutely weakened", because of the influence of "World War II" on the record and compiling of history, demolishment of Chinese architecture in war of modern times, and the neglect of architecture by authorities at certain moment. The establishment of Chinese Modern Architectural History Laboratory is aimed at presenting all about Chinese architecture, its role and position in 20th century global architectural history, based on comprehensive research and systematic study.

黄元炤

中国现代建筑历史研究所主持人

毕业于北京大学建筑学研究中心,建筑设计及其理论专业
执教于北京建筑大学建筑设计艺术研究中心
任《世界建筑导报》杂志(AW)、《住区》杂志(CD)专栏作家
《新建筑》杂志(NA)审稿专家
《元炤访谈》学术主持兼学术对谈
《遇见中国新势力+》系列讲座学术召集兼学术主持
建筑历史与理论研究学者,专栏作家
现为 ADA 研究中心中国现代建筑历史研究所主持人

建筑历史
必须公平对待

我想在目前的基础上再将研究扩大化一点,以前关注的是中国现代建筑,现在逐渐进入到世界现代建筑体系,对,这就是一种纵向飘移的延伸,历史研究没有终点,当人类文明不断地发展,不断地前进,今天到了明天之后今天就变成了历史,而我作为历史研究者,得随着人类的发展而翻搅在这个历史研究的大潮中,不容懈怠。除了纵向的延伸之外,我逐渐尝试横向地切开来剖析局部或整体的情势,并进行一种淬炼和抽取、理论化。我目前也重点关注中国当代建筑的发展,从改革开放一直到现今。

反映现实、反映史实,不需要太矫情的文字在历史堆章当中去论述什么事情,因为历史普查性工作需要涉猎的太多了,有时候并不是文字本身的传达,而是一种影像记录的传播。而历史另一个最重要的点是什么?就是传播,我们做很多历史研究工作就是要传播下去,你没有传播留在自己手中那没有太多意义,你传播下去了可以让大众所知,也可以让后来的人接着你继续做下去。所以我有一种"大众历史观",什么是"大众历史观"?就是你要让大家知道你做的历史研究工作。你让大家知道了,这样你才能够和社会贴近,引起一种互动,形成一种反响,进而让你自己可以从中去检讨你在这历史研究工作当中做的内容是好是坏,是否有意义。历史必须铺开来看,必须公平对待。

寻找被遗忘的建筑学人是我的责任

中国近代时期的建筑执业型态分为几种，有实践型建筑师、建筑教师、建筑传播者等。像周惠南、杨润玉、吕彦直、杨锡宗、庄俊、李锦沛、沈理源、范文照、杨廷宝、阎子亨、林克明、过养默、柳士英、董大酉、赵深、陈植、童寯、徐敬直、奚福泉、黄元吉、陆谦受、刘鸿典、夏昌世等属于实践型建筑师，其中吕彦直、杨锡宗、庄俊、李锦沛、沈理源、杨廷宝、林克明、赵深、陈植、童寯、徐敬直、夏昌世等较让外界所知，而周惠南、杨润玉、范文照、阎子亨、过养默、柳士英、董大酉、奚福泉、黄元吉、陆谦受、刘鸿典等较不太被大家所知，但他们的作品有些也很精彩，我举几个例子，比如以上海起家的奚福泉，他是一位热衷于对现代建筑进行试验的建筑师，他惯用的手法是在现代建筑设计中保持几何形体的完整性，注重内部功能的合理布局，以满足业主之需求；在天津实践的阎子亨其大部分项目也是对现代建筑进行试验，他设计现代大楼的手法纯熟，语言精练，常是竖向与横向线条搭配使用。范文照和柳士英这两位，我之前已出版介绍他们建筑作品的专著。范文照本是奉行于古典设计的旗手，之后转向对现代建筑的探索，并一直追求下去。而他认为的现代，是要让所设计出来的房子，能让人的生活过得有现代的舒适、方便和安逸之感，但内部还得显藏与保留中国建筑的艺术与精神，是一种从内而外的设计，他还认为现代生活也需考量经济与实用，所以他反对大屋顶式样的过度浪费；柳士英 20 世纪初回国发展后，有着建筑师与教师的双重身份，在设计上，柳士英也崇尚对现代建筑进行试验与追求，虽然之后有大屋顶作品出现，但

那是迫于现实的要求而设计的;黄元吉的作品不多,他在上海设计的高层公寓也体现以现代建筑的设计原则为主,先布置不同户数组合,满足现代住居功能,然后在形式上体现精炼的现代设计之感,横向连续带状开窗墙面,水平向语言鲜明,搭配些许突出的弧形墙,构成强烈的现代几何语言的对比;杨润玉是住宅的设计好手,他在上海政同路进行了

时代流行式的现代建筑的设计,先在平面上进行不对称布局,没有固定的轴线,所有内部功能皆依现代居住需求而随机发展,从中生长出外在形式,倾向于一种形随功能而生的体量关系,在立面上去除装饰,以干净平整的水泥墙面去展现建筑的形,入口处底层加高、水平窗带、圆窗、转角不落柱皆一一体现。还有很多其他建筑师有着很精彩的作品,

我这里就不多说了。上述建筑师较不太被大家所知,我觉得有绝对必要性向大家介绍他们,以还原那个时代的史实现状。

上述建筑师皆专注于实践,较少论述,但其中像范文照,他既实践也有一些论述,以阐述他对现代建筑的理解,他认为"当我们适应于新(现代)要求时,中国建筑艺术的本质特征应当不作更

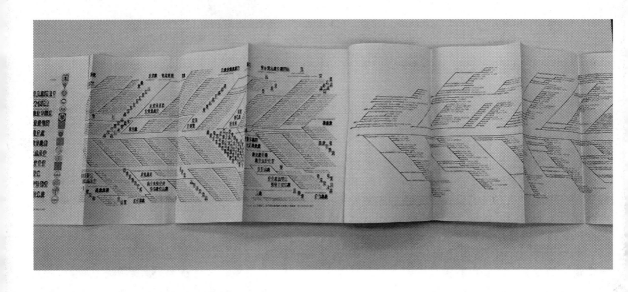

改地予以保留,要重新获得它的智慧与美",他还总结出中国建筑艺术的五大本质特征:"规划的正当性、构造的真实性、屋顶曲线及曲面的微妙性、比例的协调感、艺术的装饰性"。从中可以观察出范文照尝试用现代的眼光反观中国传统,并提炼出其精髓,与现代主义的理性、科学、合理的精神结合起来,他企图创造出属于中国的现代建筑。

然后,在建筑传播方面,值得关注的有几位,像卢毓骏,属于官方、政府部门的建筑师,在20

世纪 30 年代时设计了一批考试院官署建筑，然而他却对柯布西耶、现代建筑及其理论、思想的介绍与传播起到很大的推进作用，他在《时事新报》和《中国建筑》杂志以连载连篇方式发表了他翻译柯布西耶的演讲稿"建筑的新曙光"一文，之后还翻译了柯布西耶著的《明日之城市》一书（1936 年出版），1953 年出版了一本名为《现代建筑》的专著，所以卢毓骏是中国近代建筑界较有系统、有步骤，且较完整地将柯布西耶、现代建筑及其理论、思想介绍与传播给国人的建筑师，并因此建立起他自己对于现代建筑所理解的价值观，但是卢毓骏的动作极端分裂，思想倾向于现代主义，实践却是坚守中华古典风格，当然这跟项目的现实构成原因有关。何立蒸也在《中国建筑》杂志发表一篇"现代建筑概述"的文章，阐述了国际式，总结了现代建筑几点。在广州，现代建筑得到了在建筑教育上的传播，像林克明，先在《广东省立工专校刊》阐述了他对摩登建筑的见解与看法，他认为"摩登建筑"有时尚的形式，也有本质的内涵，并提出摩登建筑运动（即现代建筑运动）的几个要素，由于留学背景，林克明早已意识到现代建筑思想的影响，对它的理解也反映到林克明为建筑学教育的构建上，以及设计新校舍的体现中。林克明的同事胡德元也发表文章阐述了对现代建筑的理解，即实用，首重用途，后才关注材料，最终现代建筑转化为艺术精神方面的一种思想。林克明的学生郑祖良、黎抡杰、裘同怡与杨蔚然也同样发表了关于现代建筑思想的文章，学生受到导师及教学方针上的影响进而把现代建筑思想也传播下去。黎抡杰就在 1936 年《新建筑》创刊号专文介绍勒·柯布西耶，此举也直接呼应与反映了《新建筑》杂志的办刊宗旨与方向，高呼着现代主义口号并倡导其先进性，而《新建筑》创刊号的封面就是放了一张切尔尼霍夫的建筑幻想图，杂志的立场鲜明。

建筑理论家中有一位建筑教师刘福泰，是中央大学建筑工程科的第一届科主任（1932 年改系），他当时提出建筑需要批评这样一个概念，他认为在中国近代建筑界中，有人主张不需批评，以为这样就"不是大方"了,刘福泰对此"三缄其口""与人为善""择善而从""从善如流"的观点加以

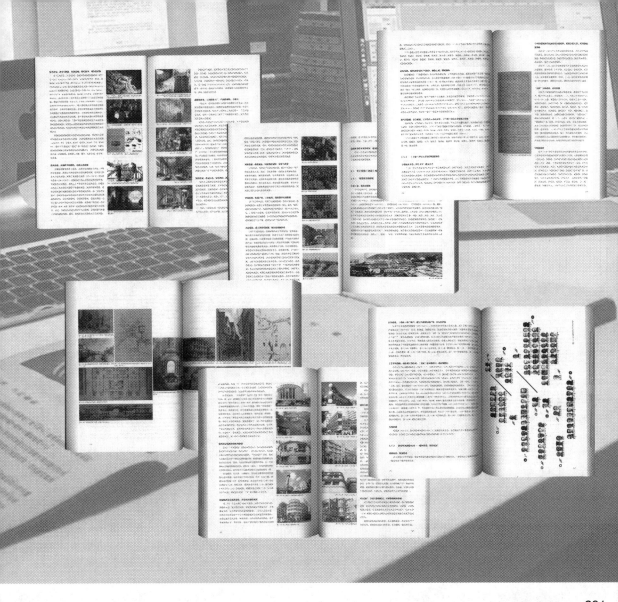

中国近代建筑师系列《范文照》《柳士英》两书是对中国近代建筑师范文照、柳士英创作实践的总结，内容从对建筑师之观察与解析、经历与作品关系图、作品分三个部分来介绍建筑师的设计思想演变，各收录了30多个项目。希冀能使广大的建筑师、建筑研究者和高校师生全方位、多视角认识到范文照、柳士英对设计的积极探索与追求，对建筑的理解和思考，及其过往的人生经历和创作轨迹，以此向广大读者推荐与分享这些中国近代建筑师多彩的建筑人生。

反驳，他认为建筑师应当批评抑或建筑应当批评，并指出往往在一代人里面，批评人才比创造人才要稀少，原因是批评家需具备广博的知识、哲学的脑筋、豁达的胸怀与无畏的精神，这样的人才，自然不多见。会出很多建筑师，但是可能一个时代只出一两位批评家、评论家，严厉的批评，才会让大家积极进取求进步。

他虽然这样提出，但不代表当时没有，我的考据是有的，曾在《中国建筑》杂志社任主编的石麟炳就担任了这样一个角色，批评家、评论家，执笔不少文章，是杂志的主笔，他在杂志上试图做了一些评析，曾撰文发表他对"中国建筑"的看法，从古代走向近代，也曾撰文评析庄俊设计的金城银行项目，给予了建筑的文艺复兴样式的西方古典建筑之标榜的评价，也曾撰文评析梁思成设计的北京仁立地毯公司增建铺面，评价了梁思成在研究中国古代建筑领域的专精与思考，了解到古建筑构架与各部之功能后得出一种中国式建筑。我客观地认为他就是一个评论家的角色。

所以，以上所说的，中国近代建筑执业型态的架构还挺完整的，每个人在各个不同的领域都担任着各自不同的角色进行各自不同的工作内容。那

《中国近代建筑纲要（1840—1949年）》通过大量的查阅和收集工作，以及实地考察与挖掘，在汇集既有的和新发现的史料（关于中国近代建筑史研究的专著及文章）后，重新整理、细分，并编制成"年表"。另外，从解读史料与年表的过程中，进行基础性的概括和归纳，以"纲要"（近代的历史、建设和辩证；近代建筑师之个体观察；近代建筑教育的一萌生和发展；近代建筑相关执业形态的破啼而生；近代建筑组织、机构、团体与媒体的成形和效应；近代建筑思潮及风格之演变、现象、姿态与哲学观）的方式，将中国近代建筑（1840—1949年）作适切的梳理和衔接，还原当时所能掌握到的事件和现象，进行细致、严谨、客观的分类和分析，再予以深化研究、对照和整合，从而叠加出新的体系和框架。

本书着重探讨中国建筑师的现代建筑在中国的实践，以一种历史研究的视角深入解析在中国的语境与文化框架下如何去定义"中国的现代主义思想、现代建筑"，及其与"世界的现代主义思想、现代建筑"的异同；并且通过现代建筑的作品来直面现代建筑思想脉络的可寻与思考的特征，哪怕在作品中，只残存一丝倾向于现代建筑的轨迹与线索，都需把"它"介绍出来，好让一座倾向于中国现代建筑的余景耸立在建筑史的千江万水之中；目的并不在于奉承或述写现代建筑的风格于世人面前，而是要真正地细致窥究"中国的现代主义思想、现代建筑"产生的内容与意义，及其内在对现代性追求所保有的那份执著与纯粹。

时的营造厂老板还挺有情怀的,就是我们常说的丙方,他们还组织团体创办协会,上海市建筑协会,以及创办杂志《建筑月刊》。

施工的内容也刊,也刊登其他,非常多元,包括计划中项目的设计图及表现图、进行中之建筑摄影、竣工后之建筑摄影、各种类型设计之图样及摄影、家具与装饰、协会特辑、史论连载、营造连载、法规探讨、工程估价、工程报告、建筑辞典、建筑材料价目表、大样图、工具发明、销售概况、会务等。在专载或附载部分,包括合同细则、建筑章程、公会会讯、编余、建筑界消息、同仁联谊会追志、筹建初勘记、通信栏等。《建筑月刊》中的"建筑材料价目表""工程估价""营造学""建筑辞典""建筑史""建筑工价表""北行报告""各种建筑形式"的稿件属于连载性质,倾向于专栏的意义,是组成杂志的重要部分。

建筑历史研究要贴近那个时代的真实面目

从 2008 年开始,我从事近代建筑历史研究一直到现在,也经历了 8、9 年,在 2008 年时,我发现国内关注中国近代建筑历史研究的人是有的,但不太多,经过了这几年,中国近代建筑历史研究逐渐吸引到大家的关注,研究的人也增多了,这是一个现象,也是一件好事,代表历史开始受到重视。然后,国内近代建筑历史研究在各个区域,比如哈尔滨、沈阳、大连、北京、天津、西安、青岛、上海、南京、武汉、长沙、广州、重庆、成都、香港、台湾等,都有显著的成果,各个区域、各个高校、各个学者都形成一套自己关于近代建筑历史研究的系统和文化,百花齐放,各具特色,丰硕的成果成为可贵的资产,值得相互学习与提升,也成为我研究的参考与养分。

那么，我的研究就在这些参考和养分中进行，我希望我能够将这些养分进行吸收和整合，并且以一个更全面的视角去看待它，"辐射"全中国，发现开创性的观点，而这个"辐射"的研究方法就如同王昀老师所阐述的聚落研究方法的概念一样，每一个区域代表一个聚落，聚落各自形成也各自牵引，我想在这些聚落当中去发现它们微妙的变化和异同，并且以一个"上帝的视角"去看待建筑历史这个命题，这也是我的兴趣所在。

19、20世纪中国建筑的发展，众多的建筑师、教育家、理论家都参与在整个的历史进程之中，并从不同的角度探索着中国建筑的发展，而我的研究态度是想要较"宽容"地对待建筑历史研究这个议题，较"宽容"地去对待和研究这些人，这倾向于一种"菩萨的胸怀"，就是我不单单只关注几位具有代表性的建筑师、理论家，我关注的是整体，将这些建筑师、教育家、理论家们努力一并发掘出来，尽可能地还原当时诸多建筑师、教育家、理论家们的共同的工作状态，他们是富有活力和创意的，所以我的研究是把历史"放平铺开"来看每一个人，以及每一个人与每一个人之间的关系，寻求他们整体的脉络关系，以时间、事件、作品等一一加以对照、研究和呈现。因此，"上帝的视角"和"菩萨的胸怀"是目前我的研究姿态。

最近，我听到了一些对我研究工作的说法，他们觉得我目前做的建筑历史研究并不太那么的理论化，您明白吗？大家所理解的理论化可能是单独对某一作品、某一个人、某一个事件的建筑史去深入论述它并进行某些理论化的提炼和阐述，但是我做的确实不是那么的理论化，我认为单就某一作品、某一个人、某一个事件可能可以很理论化地说它，但是我做的是"辐射"全部的基础研究，若在基础研究的初步阶段就理论化的话，那有可能就乱掉了，或者不踏实，所以我要做的是更"平实"地去看待它，先做一种客观记录的呈现，因为历史研究有一个观点就是你要更贴近于那个时代的那个历史的那个真实面，而我们能不能贴近？以目前现况与年代遥远来看是很难贴近的，但是我尽可能地由一些片段、史料的发现和堆砌去贴近与还原它，拿找资料来说，尽可能地找到当时的第一手资料，而不是从我们所阅读到的第二或第三手资料去研究它，亦即掌握了一些更原先、最先有的资料，并循序架构起一套自己所理解的历史框架，然后在深入到理论的这个层面，所以，我认为历史研究和理论是有一个先后顺序的，高度不同，就我而言，我希望的是逐渐攀升，爬了一座再爬一座。

而近期，我便开始思考一些关于现代建筑理论的命题，刚好最近有一个杂志跟我约稿说想要了解一下中国现代建筑跟世界现代建筑这两者有什么关系？其中的异同是什么？我觉得这个很好，督促我开始思考，我试图斗胆把中国现代建筑的作品放到世界现代建筑史当中去看待它，去发现其中的定位及范式，而我也得出一些结论，但还必须经过沉淀思考，这些之后我都会出版呈现，这里我只能点到为止。

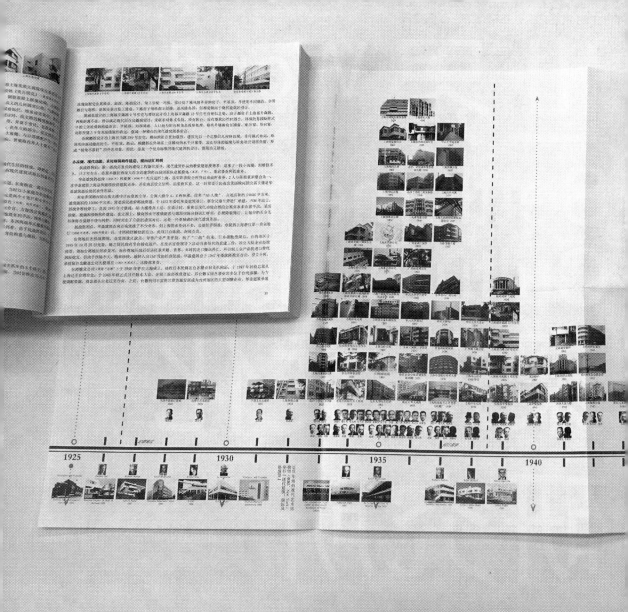

世界 World
Settlement
Culture Institution
聚落文化
研究所

对于传统聚落的研究，在当下中国这个时间点上来看，似乎已经是一件力不从心的工作，快速的城市发展和人口膨胀已经使真正具有意义的传统聚落越来越少。但与此同时，尴尬的现状也让人发现对于聚落的研究其实并不仅仅是对于一个对象物的简单挖掘和解析，更重要的是，"聚落"是一个视点，是一个发现问题的角度，通过"聚落"的方式看聚落，看当下的聚落，也许结果就并没有表面上显现的那么可怜了。

Currently in China, the study of traditional settlement seems difficult since rapid urban development and population growth have made truly traditional settlements less and less. At the same time, however, the embarrassing situation also makes us realize that the study of settlement is more than facts and analyses. Rather, it's a perspective of discovering problems. Thus, it's actually more important than it looks.

张捍平

世界聚落文化研究所主持人

2010 年毕业于北京建筑工程学院获城市规划学士学位
2013 年毕业于北京建筑大学获建筑学硕士学位
现为 ADA 研究中心世界聚落文化研究所主持人

聚落研究的起源与发展

对于聚落研究的关注，是从研究生期间开始的，在跟随王昀老师参与聚落调查和研究工作中，同时也开始关注聚落研究发展的一些内容。在世界范围来看，对于聚落的关注最早可追溯到地理大发现时期。在15—17世纪期间，为了能够获得更多的资源，欧洲人开始了以发现"新世界"为目的的大航海活动，同时这也开启了人类对于"未知"空间和事物的探索。伴随着探险者对于新的空间和领域进行的探索，除了对资源的掠夺和殖民地的扩张之外，探险者记录并带回了大量的地理志、博物志、民族志，成为人们对于"新世界"中的人和物进行了解的重要渠道，就这样，更多的信息不断地在世界各地被采集和记录，并进入人类的知识体系当中。在这样的探索过程中，探险者在世界各地看到了各种各样的由当地的居民近建造的与探险者原先生活中所看到的非常不同的住宅,于是这些住宅成为他们的关注对象之一,这可以算是聚落进入知识范畴的一个开始。17世纪初,在英文中出现了"乡土建筑"(Vernacular Architecture)一词,用于定义和描述这些世界各地的住宅。最早的研究主要出于三个目的:首先,对于探索的主要参与国家来说,他们通过研究本国的乡土建筑来提炼国家建筑语言;其次,对于世界各地尤其是南半球的乡土建筑的介绍成为旅于杂志和刊物可以用来吸引读者的新鲜事物;最后,对于这些所谓的乡土建筑的介绍也间接地服务于欧洲殖民者的殖民扩张,一些 19 世纪末的社会学家把这些住宅作为"证据"来说明他们的建造者的智力水平较之他们的殖民者是相对低下的。

随着 20 世纪工业革命的到来,对于乡土建筑的关注也出现了新的方向。更多的建筑师希望通过对这些住宅的研究可以获得更多的在建筑学领域内的发现。1904 年德意志制造联盟的开创者和代表人物赫尔曼·穆特修斯 (Hermann Muthesius) 出版了《英国住宅》(*The English House*)一书。这是一个三册一套的关于 19 世纪末英国本土住宅的研究成果,第一册主要介绍了在英国出现的工艺手工艺运动及其代表人物的作品和思想。第二册是英国住宅的呈现,首先讨论了地理因素、生活习俗、土地法规、法律等因素对英国住宅的影响,之后呈现了英国的乡村住宅及花园、城市住宅等多种不同的英国的住宅形式。第三册是对英国住宅室内构成及室内设计的介绍。这本书的研究方法和逻辑成为对住宅的一种研究范例,可以说随后出现的大量的民居类型的研究都承继了此类方法和视点。1911 年,勒·柯布西耶完成了他的东方之旅,其途中所游历的东欧地区的乡村住宅也成为柯布后来许多建筑实践中原型的出处。这种对于乡村住宅的现代性的关注也成为日后众多建筑师学习建筑的另一个重要的途径。

在建筑史结束了大师的时代之后,对于聚落的关注进入了一个全新的领域。1964年，在美国纽约的现代艺术博物馆（MoMA）举办了"没有建筑师的建筑"（Architecture Without Architect）展览，展览展示了近200幅人类居住空间的图片，在并没有太多文字解说的情况下，通过直观的图像让这些不常被人看到的人造场景或住宅以一种与现代建筑相呼应的姿态进行呈现和被解读，并让这些无名的建筑受到了更多建筑师的关注。随后对于聚落的关注，在世界范围内出现了更多不同的方向和内容，其中以英国学者保罗·奥利弗（Paul Oliver）的研究成果最为突出，1997年他主导出版的《世界乡土建筑百科》（Encyclopedia of Vernacular Architecture of the World）成为对于世界范围乡土建筑研究的里程碑，这套共三册的丛书对世界范围的近80个国家的近千类乡土建筑进行了逐一介绍，并从环境、材料、人文等不同的方面对乡土建筑的成因进行了分析。

在当代的聚落研究中，存在几个主要的方向，最为典型的是民居类型的研究，通过对某一地区或类型的具有代表性的住宅进行剖析和介绍，将其作为一个地区或民族的住宅标准模型。另一个主要的研究方向是建筑技术或绿色建筑方向的研究，希望从地理、环境的角度，通过科学的测量和分析，解析民居在建造和使用中如何为居民提供一个功能良好的生活空间。第三类是对于民居建造的关注，希望通过解析人在建造构筑物时的方法和逻辑来展现空间出现的必然过程。最后就是从一个整体宏观的视点，对一个村落或区域从整体的角度，结合建筑学的空间与人文、地理、环境等多种因素，进行分析和研究的方式。我国对于聚落方面的研究更多的是民居类型的研究，从最早的如刘敦桢先生的《中国古代建筑史》中对于历史遗迹中住宅的挖掘和介绍。20世纪80年代，我国也开始了对于全国民居的调查，相继出版了《云南民居》《云南民居（续）》《浙江民居》《四川民居》《新疆民居》等一系列民居书籍，对当时我国大量的具有特点的民居进行了记录。

翁丁村聚落调查报告

张悍平 著

通过驻扎在翁丁村聚落中，与居民们共同生活，对翁丁村中的每一户居民的起居生活方式进行逐一观察与调查，对每一户居民的生活习惯及所对应的空间关系进行逐一详细地记录，重点对发生在聚落和住居空间中的生活习惯、民俗文化、居民与住居空间本身之间的人体尺度关系、聚落及居民的行为、住居空间与家庭关系及其各部分空间所承载的信仰、历史、生活习惯等问题进行观察和梳理。

中国建筑工业出版社

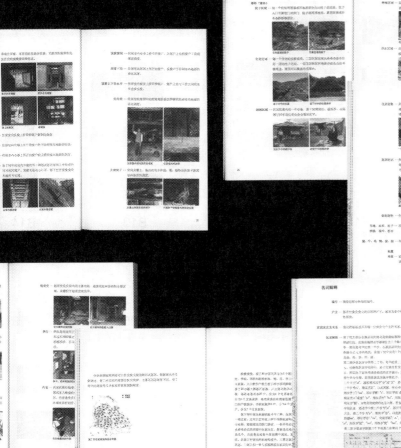

对于翁丁村的聚落调查

在研究生学习期间参与了几次聚落调查后，确定了以云南沧源的翁丁村作为论文的研究对象。翁丁村位于云南省西南部，是靠近中缅边境的一个佤族聚落，与其他被调查的聚落相比，它不仅具有非常完整的聚落形态，同时还保留了原生的居民及生活行为，是一个非常具有研究价值的样本。为了对翁丁村进行更为详细的调查，在结束了第一次短时间的调查后，我和赵冠男先后前往与刘禹同学一起再一次对翁丁村进行了为期一个月的详细测绘和调查。调查包括对于翁丁村中所有的101户住居的空间测绘，以及每一户居民的身份信息、生活习惯、身体特征的调查。

在调查过程中，在翁丁村居民的住宅中体验到一些身体和空间尺度的差异，以及生活行为习惯上的不同。在对这些不同之处进行调查和整理后发现，之所以会产生这样的差异，恰恰是翁丁村居民的生活与我们日常的生活的不同所导致的。

翁丁村中居民的住宅普遍采用木结构，分为两层，底层是架空层，主要用于存放柴火、物品，饲养牲畜，二层是居民的住宅，住宅室内以火塘为中心，围绕火塘在每个方位都会设置特定的功能空间，住宅的屋顶是木头骨架的茅草坡屋顶。在调查过程中发现，居民的住宅似乎并没有所谓的私密空间，住宅中包括卧室在内，我们都是可以随意进入的，但每户居民的住宅中都有一个不能够靠近的空间。在与门口相对的火塘另一端，翁丁村的居民设置了一个"尊敬的空间"，它是一个只有半个人高的小格子，里面的空间只够一个成千人蹲住里面。这个空间是居民进行祭祀活动或者说是祭祖的一个空间。作为一个重要的精神领域，每户居民都会在这个指定的位置布置这个空间，并且平时不许任何人随意靠近，只有过年时，或者有宗教活动时，才可以由家中的主人进入内部。

余了宗教空间外，翁丁村中居民的住宅环境也与我们城市中的住宅有很大的不同。住宅以火塘为中心，火塘一年四季不会熄灭，只有在新年来临时会熄灭"旧火"，点起"新火"。虽然地处热带地区，但居民仍然需要一年四季点燃火塘，因为它不仅仅用来做饭、照明使用，更为居民的住宅室内带来空气的流通，燃烧的火塘加热了火塘上方的空气，热空气向上从屋顶的缝隙中排出室内，同时带动室内的压力下降，让新的凉空气从架空层及周边进入室内。这使得处在热带地区的翁丁村居民的住宅室内可以保持良好的空气循环，同时，茅草屋顶的遮蔽，提供了一个相对舒适的室内环境。在翁丁村居民的住宅中，立面上几乎很少开窗，即使开窗也是在屋顶上或在墙上开很小的窗。这些开窗也基本是为室内的通风服务的，这也造成了即便是在白天，住宅室内的光线也是非常暗的。但这样的环境也和居民的生活习惯有关，通过对于翁丁村居民生活习惯的调查发现，居民白天通常是在田间劳作，或者是在室外进行织布等生产活动，几乎很少有室内的活动，所以对于住宅，白天是并不需要光线的。

在翁丁村中，有专门精通盖房的"建筑师"，所谓的"建筑师"是熟练掌握建造住宅的各种材料和所需要的尺寸的人。而通过对每户居民的身体特征的调查，又可以发现这种对于尺寸的掌握其实与翁丁村居民的身体尺度，尤其是男性的身体尺寸有着密切的关联。翁丁村的住宅入口的门的高度在 1.6 米到 1.85 米之间，这与我们日常生活中最小 2 米的门要矮很多，但翁丁村的居民却在普遍使用这样的门，在经过调查后，我们发现翁丁村中男性居民的身高分布在 1.57 米到 1.7 米之间。所以对于我们来说相对较矮的门的高度，对于翁丁村的居民来说是最合适的高度。盖房子对于翁丁村的居民来说是一件非常重要的事。在翁丁村的习俗中，当一个成年居民成家后，需要离开原来居住的老宅，在村中选择一块地重新立户，在这种情况下，居民只能建造一个没有架空层的一层住宅，同样新迁来立户的居民也只能建造一层的住宅。一层住宅的造价会相比有架空层的二层住宅低很多，而对于居民来说需要通过自己的积累建造属于自己的二层住宅。在 2011 年 10 月和 2012 年 11 月的两次调查中，翁丁村中的住宅由 100 栋增加到了 101 栋。而这样的增长也完全是由于村民内部的原因，这栋一层住宅的主人在血缘上是现任寨主的哥哥，在陪同完打工的子女后，选择了返回翁丁村继续生活，于是重新修建了属于自己的住宅。

从翁丁村的调查看聚落中的"传统"

在这些调查中,我们可以看到在一个聚落中,住宅的空间与其中生活的居民在尺度、宗教、习俗、行为等各个层面上都有着密不可分的关联,这些出于最原始、最本质、最直接的出发点的考虑而形成的聚落,在我们眼中成为具有鲜明"特征""传统"和"地域性"的民居,但随着调查的继续,发现一些情况并不是这样纯粹和明了。

在翁丁村的 101 户住宅中,有一户住宅使用了砖作为建筑材料,在这个看似打破了传统,抛弃了地域性的外表下,实际的情况是这户居民的男主人因为意外而去世,家中剩下了妻子和一个女儿,由于失去了家庭主要的生产力,所以只能够选择投入最少的建造方式来建造住宅。而砖作为更为廉价的建筑材料成为最好的选择。由于翁丁村的风貌属于一个被保护的状态,所以只因为这个特殊的家庭情况而出现了这样一个特例,而其他的居民被要求继续使用每年都需要更换的茅草屋顶,以维持着翁丁村"特有"的风貌。

而更有意思的发现来源于翁丁村住宅形式的比较。在对翁丁村 101 户住居屋顶的分析中我们发现了两种典型的住宅屋顶形式,一种是具有较大坡度的屋顶,屋顶采用这种形态的住宅,通常

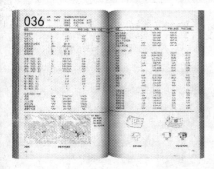
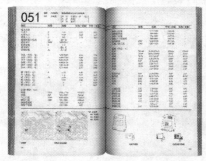
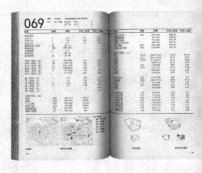

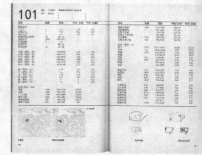

没有作为围护的墙体，大坡度的屋顶直接罩在室内的地面上。另一种是坡度较小的屋顶，采用这种屋顶的住宅，屋顶和室内的地面之间拥有清晰的作为围护作用的墙体。我们将所看到的翁丁村的现状与1986年出版的《云南民居》中所记录的沧源地区的佤族住宅进行了比较，通过书中记录的图纸和照片可以看到当时的佤族住宅采用坡度较大的屋顶居多。同时更加具有代表性的是在入口附近会有一片很大的晒台在屋顶下挑出，在入口附近的屋顶会破开一个洞作为出入口。而在我们调查的翁丁村中，大坡度的屋顶非常少，普遍建造于2000年以前，并且几乎所有的住宅在入口处都已经没有了挑出屋顶外的大晒台，取而代之的是收在屋顶下的像一个楼梯的休息平台一样的小平台，晒台则单独从室内的另一侧挑出。在居民的采访中我们了解到的是这些住宅形式的改变受到了翁丁村附近的傣族聚落住宅形式的影响，更加平缓的屋顶和收回的晒台都与傣族住宅的形式更为贴近。而与周边傣族聚落之间的文化交流更为直接的证明是居民家中的家具。在调查中，翁丁村中每户都会有10把甚至更多的由竹子编织的圆形板凳，这些都是从附近的傣族聚落中购买而来的，而翁丁村中一些其他的家具，都以木头作为主要材料，且更多的是采用雕刻的方式和简单的榫卯结构。

聚落给予的启示

这些调查中的发现似乎可以让我们重新对当下建筑学中所讨论的"传统""地域性""民族性""民居"等概念进行理解。究竟何为"传统"？什么是所谓的"地域性"？是否真的存在"民居"这样静态的模型？而对于未来聚落的关注和研究究竟需要围绕着什么样的主题，以何种视点来展开？这些问题由聚落中产生，所以答案也会存在于聚落当中。而对于聚落的研究也许正是可以让我们先离开城市，离开对于我们来说一个相对熟悉的语境后，到达一个陌生而新鲜，但却拥有共同的基点而产生的环境当中时，可以对一些已经熟知和确定的概念获得一次重新认知的机会。聚落的研究对于建筑学来说，似乎可以给予建筑学更加开阔的空间，让建筑师可以有机会跳脱固有的建筑历史、建筑理论、知识体系、逻辑框架，重新发现人的身体、意识、行为、文化与建筑空间的关系。对于聚落的研究是以对未知的探索开始，在当下这个时代，当获取信息和知识越来越便利，当到达一个地方越来越快捷的时候，对于聚落的研究也许可以成为一种回到原点的方式。当你真正进入一个聚落后，将你既有的知识重新归零，也许就会出现更多发现的可能性。

青岛里院是青岛地区一种因历史原因而形成的居住建筑集落形式。《青岛里院建筑》在对 300 余个里院群落进行基础调查和初步研究的基础上，对众多空间构成形态各异的里院进行分类和整理。经过反复甄选从中选择了 40 余个具代表性的对象加以深入研究。本书所包含的内容既不是直接的全面陈列，也不是作者主观的选择结果，而是基于对整体把握后的有针对性的分类选择。

现代艺术
Modern Art
Institution
研究所

艺术所包含的范围除了绘画和雕塑等视觉艺术外，还包含音乐、诗歌、建筑等艺术形式在内。这些艺术形式在最近100多年的发展与演变中，各个门类之间展现出了明显的相互影响。特别是在19世纪至20世纪的现代艺术发生、发展及实践中，各种艺术形式之间的界限逐步被打破。因此，对于这一阶段艺术发展的研究就需要以更加整体和全局的方式来展开。现代艺术研究所的工作是以整体观察的方式作为基础，对现代艺术的发生、发展过程及实践内容进行全面性的研究。

In addition to painting and sculpture and other visual arts, art also includes music, poetry, architecture, etc. There is a close link among different art forms' development and evolution. In the past century of modern art development, interaction among various forms of art has been quite obvious. Especially between 19th century and 20 century, boundaries between different art forms have been gradually broken as modern art developed. Therefore, studies on architecture in this period need to be more comprehensive. Based on comprehensive observation, Modern Art Laboratory aims to conduct all-round researches about modern art development and its practice.

赵冠男

现代艺术研究所主持人

2010 年毕业于北京建筑工程学院获城市规划学士学位
2013 年毕业于北京建筑大学获建筑学硕士学位
现为 ADA 研究中心世界聚落文化研究所主持人

建筑作为艺术需要关注观念

如果看建筑和艺术的关系,会想到在还没有艺术家这个概念的时候,那些现在被我们看作是进行了艺术创作的人在做什么。那个时候建筑、绘画、雕塑的创作是具体到某个人的,而对于创作者来说,这些创作也是统一的,他并不会因为创作手段的区别而拥有另外的身份。如果从希腊看来,帕提农神庙山花上的浮雕可以作为类绘画的平面艺术,它的柱身、柱头又可以作为雕塑来看,而神庙单体及各个神庙构成的卫城,又成为一个建筑作品。

如果将三种不同手段都共同作为艺术看待,那么创作者会在不同手段中都秉持着共同目标,就是要在人的世俗生活之外,创造超脱于世俗的承载体,或者说是人类的精神世界所带来的一系列有着共同精神指向的产物。

再看不同艺术手段之间的关联，在古典时期和现代时期有着观念性的变化。文艺复兴时期的建筑中，绘画以壁画的方式直接地介入建筑空间中。特别是在教堂中，通过神学的主题和透视的视觉法则，绘画在建筑的穹隆上打开一个让神学世界与世俗世界联通的视觉窗口。而现代绘画与建筑发生关系时，已经不存在依附和辅助的关系，绘画用自己特有的空间语言表达创作者的空间概念。只有当建筑师理解了画家现代的空间观念后，才会将在绘画中所读解出的现代的空间观念应用在建筑空间的创作中。在现代主义的语境下，绘画和建筑的联系只在创作者抽象的空间观念中找到对应，而不再是视觉性的和叙事结构性的联系。

就建筑作为一种艺术门类而言，也经历了变化和发展导致的一些问题。

在建筑历史中可以看到被记录的早期建筑是神学纪念物或王权宫殿与陵墓。文艺复兴之后建筑这件事开始跟普通人相关，出现了宅邸甚至更加市民化的建筑实践。那么就会导致建筑师角色的微妙变化，建筑设计的工作开始和普通人的个体的生活相关，或者说要为个人的审

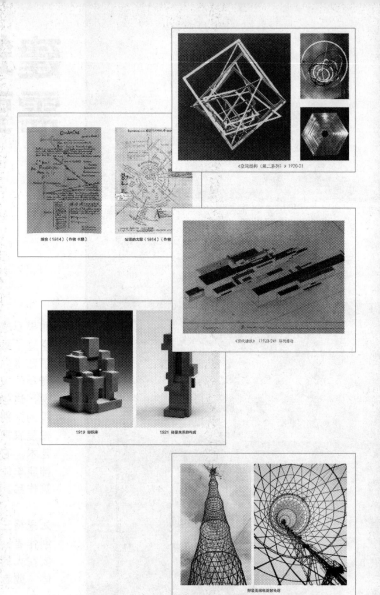

美趣味服务。然后精神和象征意义永远要大于实用意义的建筑概念开始受到影响。当建筑因为具体的服务对象的个人身体欲求，而被提出世俗功能上的要求时，建筑开始变成对应越来越多的具有特定功能需求的房子，日常性替代了非日常性，这成了建筑师的工作基础。

随着时代和技术条件的发展，建筑的讨论中又出现了技术这个新的时代性的要素，技术跟材料怎么在建筑中体现成了重要议题。

在启蒙运动到 20 世纪之前的大段时间里面，随着工业革命这个大的时代背景，绘画艺术观念的发展走向与建筑艺术观念的发展走向，刚好存在一种相反的情况。绘画是在逐渐地走向纯粹，因为绘画一直在反思哪些是不属于绘画本质的内容。但建筑却因为有了人的解放及技术和材料的发展，反而开始需要去考虑使用功能、业主审美趣味的需求，需要想办法表达新的技术和新材料，以及建造技术。也就是说，在绘画离圆、角、方越来越近的过程中，与此同时，建筑却离帕提农神庙和金字塔越来越远。这样的渐行渐远在到了

20 世纪转折之前，就在建筑和绘画这两种艺术之间产生了巨大的矛盾。

如果从建筑作为艺术与绘画在 20 世纪转折所产生的这种对立来看现代主义建筑运动的探索，可能我们会理解所谓的对装饰的批判并非对表层样式的简化或去除的要求。而是建筑师在绘画的映照下看到，建筑在不断地附加与其内核不相关内容时，本质开始被淡化和覆盖，逐步地走入了死胡同。那么将"装饰"和"本质"作为对立概念来理解的话，会更容易将"去除装饰"这一成为标签的关键词对应到现代主义对本质的反思与挖掘上。

我们反复地看到现代主义时期，绘画、雕塑等所谓纯艺术对建筑的影响被直接或间接地证实。这种影响与古典时期的绘画或雕塑作为建筑的一个部分的那种影响完全不同。根源是绘画在艺术的观念层面上大幅度地领先于建筑。由于心理学的发展，从科学层面支持了绘画自身察觉到的艺术中纯粹符合视觉的内容的非本质性。而这种反思让建筑师同样开始质疑抽象的建筑空间之外的视

2016年在北京服装学院进行了基于现代艺术研究所研究工作的"现代主义——建筑·艺术·时代"系列讲座。分为"二十世纪的到来""未来与历史的决裂""无具象对象的世界""包豪斯的先锋聚会"四个部分。

觉内容，绘画中实践的二维平面中非对称、非中心化、具有内在张力的动态平衡，也给现代主义建筑批判古典性和纪念性提供了期待中的视角。

当然我同意建筑艺术不是绘画艺术的说法，它们一定需要解决一些不同的问题。但我认为，更加亟待阐明的反而应该是两者同时作为艺术讨论时，都需要思考和解决的共性问题可能才是艺术层面的本质问题。我们今天往往谈到的建筑中的功能需求、技术条件、建造质量及成本等问题，都是建筑与绘画不同的评价语境。那么在建筑作为艺术的前提下，这样的评价语境是否有问题，需要做进一步讨论。

我觉得如果把建筑放回到艺术的范畴里，会发现建筑哪怕不能进行建造，建筑师创作的图纸或者说他所设想的那个空间，其实作为艺术创作行为的部分已经完成了。之后建造的部分，虽不能说完全独立于建筑创作的过程，但这个阶段是有可能放在另外一个层面去讨论的事情，这个部分肯定是建筑学里面的一个部分。

但可能就是建筑从设计的理想，到建造的实际妥协，再到使用者的介入和改造的这个过程，产生了一种非常有意义的批评性。就像绘画在艺术家完成了创作之后，究竟谁去选择它参加什么样的展览，然后观者看完是什么样的反应，以及评论家对它会有一个什么样的评价，甚至它会引发一种什么样的艺术家世界的风潮等这样一个过程一样。当建筑在被建设完成并开始投入使用后，就意味着与建筑师和建筑作为艺术创作行为无关的人，开始与建筑发生关系。

那么可以说，如果建筑师的设计过程是单纯地只通过聊使用者的功能性体验要求，然后站在他的立场上去进行设计的话，正如同画家通过分析流行趋势及市场的需求，之后调整自己的绘画主题与表现方式，以期让观赏者认同并接受这幅作品的做法。在这种情况下，绘画就成了消费品，而不再是艺术家创作的艺术作品。

那么我认为，从印象派、野兽派等当时新的艺术动向所遭遇的非议，去理解现代艺术在开始对古典艺术界发起挑战时所面临的困境，会更清楚地理解真正意义上的建筑师在今天的语境中以建筑为手段进行的艺术实践究竟遇到了什么问题。我想应该是与一个世纪前的绘画遭遇相同，就是当作品不符合一个经典的评价体系，不符合广大普通人的观赏水准时，就会遭到质疑、拒绝和鄙夷。

建筑的艺术性创作过程，应当是将存在于建筑师观念里的世界景象向现实进行投射的过程。观念世界中的非现实的整体感受是艺术的世界，那么这个投射就需要一个过程，会在现实与观念之间产生一个距离。这两个有着距离感的世界之间的映照当然会是一个有意思的事情，但如果在创作之前就以现实的标准约束出观念的边界，这一定是一个本末倒置的判断。

如果建筑作为一种艺术创作，实际上建筑师未建成的图纸与模型才是最接近他在创作时所构想的艺术世界的状态。当建筑通过被建造和被使用，再一次进入到现实世界时。在这个时候介入，通过看到的理想与现实之间的距离所带来的各种现象，在这个构筑物上的体现，来对建筑师所进行的艺术创作进行评价时，会出现一个概念上的偏

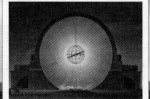

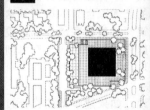

现代主义·建筑·艺术·时代

1. 二十世纪的到来
2. 未来与历史的决裂
3. 无具象对象的世界
4. 包豪斯的先锋聚会
5. 建筑与艺术的现代联接
6. 现代主义的选择性误读

2017年在北京大学进行了基于现代艺术研究所研究工作的"现代主义——建筑·艺术·时代"系列讲座。在此前研究的基础上，进一步拓展了"建筑与艺术的现代联接"及"现代主义的选择性误读"两个部分。

差。因为在我看来，建筑设计作为一种艺术创作，需要评价的是建筑师头脑中纯粹的观念世界的高低，而建筑师的观念理想和现实大众之间的距离所物化出的现象已经到了另外一个层面，可能与社会学的关系更为紧密。当然，也需要承认这种差距的物化是可以从艺术的视角进行审视的，但是那个部分可能应该属于另一种艺术创作的手段了，不应是建筑师的领域。

我想纸上的建筑和建筑的建造也许可以试着切开来看，存在于虚拟中的那个空间构想是建筑（Architecture），而在现实世界中的建造行为是在造房子（Building）。被建造的房子成为建筑，就是其中需要注入建筑师观念世界中的理想内容。实现度的高低当然是评判建筑优劣的要素，但前提是观念的水准相同。这种评价的要素不能翻转位置，这会让保证实现度中涉及的现实问题，逐步遮蔽对观念世界水准的理解和评价。那么，当建造的空间中没有建筑师的观念世界时，空间构筑物只能被归于房子（Building）的范畴，而不能在建筑（Architecture）的范畴中进行讨论。

我作为建筑学背景出身，以自己的视角开始关注和研究现代艺术的时候，希望将不同手段的艺术创作都放平于一个平面上，在将它们都首先作为艺术的语境下，对其进行观察、分析和评价。只有这样我们才可能回到一个以观念为基础的世界中展开讨论。我认为这样的讨论才有可能帮助我们这样的年轻学者和建筑师回到自己的观念世界，思考所进行的书写和设计是希望创造什么、表达什么或向现实投射什么等问题。如果忘记了这一部分，我认为对我们的未来而言可能是非常危险的。

西方现代艺术源流概览
An overview of the development process of Western Modern Art
戴冠英 著

中国建筑工业出版社

《西方现代艺术源流概览》以一个建筑学人的视角对现代艺术的发生、流派间的关联性及现代艺术的整体发展脉络进行了全面性阐释,并分别以"非学院的反叛性初探""传统壁垒缺口的扩张""新的艺术语汇的储备""激烈的现代艺术革命""对革命的遏制与回赴""现代艺术革命的平息""新的艺术探索中心"及"概念及流派的爆发"为章节,以年表梳理和排列的方式,针对1863—2000年现代艺术的实践与发展进行了较为详尽的论述,并最终对1863—2000年现代艺术发展中作为"观念"而存在的主要探索方向进行了总结。

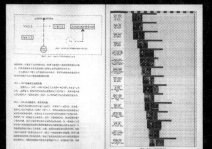

从现代艺术的角度看作为艺术的建筑

我想现代艺术的研究在未来可以去支撑两个方面问题的进一步思考。一方面是建筑师所做的两部分工作中，建筑作为艺术的那个部分，应当如何回到观念的语境中去进行评价的问题。另一方面，现代主义在我们身边的观念历史发展中似乎是断掉的一环，如何从不同的视角和层面把这一环接上的问题,会直接影响我们能否正确地看待历史,更加会决定我们如何面对未来。

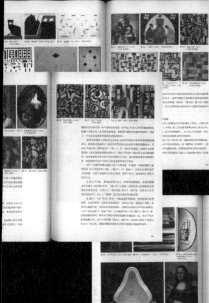

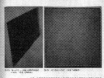

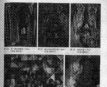

现代主义让未来
不会像历史一样

现代艺术发展中传统与现代的论争问题,还是可以用马奈在1863年被沙龙所拒绝的那幅《草坪上的午餐》作为一个节点。尽管讲最早的反叛这幅画确实算不上,因为对僵化传统的反对从库尔贝的写实主义就存在,那么如果说马奈的时间有多前卫或激进,和之后的现代艺术发展相比也并没有太强的彻底性。但之所以他可以作为一个节点,大致是由于"被沙龙拒绝"和被年轻的"印象主义者"追捧这两个因素确立的。画作在多个方面都遭到了沙龙的质疑,最重要的一点是绘画的主题。一个裸女与世俗男子所呈现出的享乐状态显然挑衅了古典神学绘画中的禁忌,一个女性裸体不再出现于神话气氛中,而是世俗生活中。那么这样的拒绝就证明了作品不再符合沙龙所象征的古典艺术的传统体系。

那么发生在一个节点中内涵的新动向的反叛和传统势力的打压，可以被看做是现代艺术迭代发展的一个结构性写照。现代艺术之后的艺术史书写框架，几乎全都来源于这种新旧观念的对抗。此后，成功的新动向再形成新的传统，等待下一轮的反叛来继续推动观念的发展。在观念的发展过程中，当你仅仅因为对方是与你不同的就加以拒绝时，就需要警惕自己是否在拒绝的瞬间就进入了古典和传统主义的范畴。但也正是如此，拒绝成为一个有价值的标记，时刻标识着前进与保守势力之间的对抗与火花。

那么如果看到我们身边的关于现代与传统的讨论，最值得关注的就是现代主义的讨论。现在现代主义往往把其作为一种过去历史上出现过的样式和风格。那么当谈现代主义时，会有人质疑坚称现代性重要为什么还要去看一个世纪前的历史。这个误解就发生在如何理解和界定现代主义的纯艺术实践和建筑实践，或者说就是如何理解现代性的问题。我认为，现代艺术从断代的节点就已经提供了最好的解答，在面对新旧观念的冲突时所选择的态度，就是古典主义与现代主义的划分。

不求精准的概括，就是当你的新观念遭遇既定规

则的限定时,如果你选择符合既定规则那么就呈现了一种古典主义的态度,如果坚持要往前再迈一步,作为一个创作者的状态,就呈现了现代主义的态度。现代主义与古典、传统、历史主义形成一个对照概念。古典、传统和历史主义要求不变和坚守,会选择向回看的方式来解决当下所面临的问题,而真正的现代主义就是在这些选择的立场上呈现了刚好相反的态度。所以说,现代主义不是风格和样式,是我们针对现代主义的历史研究,导致形成了特定时间阶段的一个样本。这些样本从绘画、雕塑和建筑等各个艺术门类的具体实践中,呈现了现代主义者在解决他们所处时代的现状与他们观念世界实现之间的矛盾关系时的具体方法样本。如果通过研究来把握其中的结构性方法论,对于理解我们现在这个时代为什么迫切地需要谈现代主义会比较有帮助。因为这个时候谈现代主义,其实谈的是历史和未来的问题。那么现代主义的态度和视角的价值,可能就在于现代主义不会让我们的未来像历史一样。

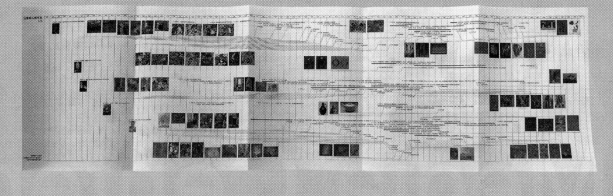
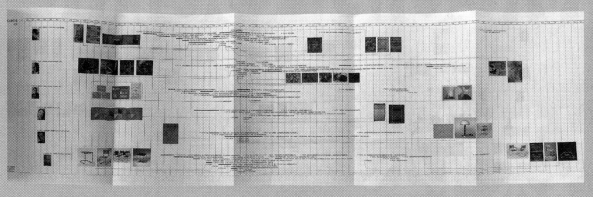

ADA
Media Center

媒体
中心

ADA媒体中心是ADA研究中心对外交流、合作、互动、宣传的平台和窗口，通过对国内外知名院校、机构、媒体、组织的关注和互访，推进ADA研究中心的各项教学经验、科研成果、展览咨询等相关内容的对外宣传和交流，组织国际、国内相关的建筑、设计、艺术领域的交流与研讨活动，以国际化的视野对ADA研究中心最新的信息和成果进行发布。

ADA media center is the platform and window of ADA research center for communication, cooperation, interaction, and publicity. By paying attention to famous colleges and universities, institutions, media, and organizations at home and abroad, it promotes the publicity and communication concerning teaching experience, scientific achievements, exhibition and consultancy of ADA research center, organizes exchanges and seminars related to architecture, design, and art at home and abroad, and releases the latest information and achievements of ADA research center with international vision.

李静瑜

ADA 媒体中心执行总监

2010 年毕业于北京建筑工程学院获建筑学学士学位
2012 年毕业于美国宾夕法尼亚大学设计学院获硕士学位
2012 年任职于《建筑学报》杂志社
现任 ADA 媒体中心负责人、ADA 画廊执行总监

ADA媒体中心
Media Center of ADA

坚持国际水准的学术视野是建立国际合作的优势

从国内范围来看，由于 ADA 拥有非常强大的师资团队，因此由这些老师所主持、主讲的学术活动，对那些已经从业的或在校对建筑抱有热情的人来说，是非常具有吸引力的。但我同时认为，ADA 应该有更多的国际交流合作。此前去西班牙代表 ADA 参加学术活动与大家交流时，明显地体会到，大家对 ADA 所做的研究与学术活动非常感兴趣。在看到 ADA 画廊曾举办的展览的主题与效果后，大家表示十分希望中国的首展在 ADA 画廊来进行。

他们看中了 ADA 学术眼界的国际性和研究的水准。从 ADA 过往的这些工作在国际学术交流中所获得的反馈中可以看到，只要坚持国际水准的学术视野，那么在建立国际合作方面还是有优势的。

媒体介质转变带来的变化

从世界范围内传媒手段的情况看来，纸媒面临的压力是普遍现象。全球最大型的新闻机构也都在探索新的传媒互动手段，改变他们与读者之间进行信息交换的方式。从国内的媒体发展情况可以直观地看出，已经越来越少的人去购买纸质的杂志。现在有许多建筑媒体为了应对新的传媒趋势，会在官方网站刊载大量的信息供大家阅读。更会有很多个人，通过社交媒体去传播一些自己感兴趣的内容。众多的个人终端提供了更加自由、多元、丰富的信息资源。多元的力量对传统媒体肯定有着非常大的冲击。

在这样的媒体变化背景下，ADA 的网络信息发布平台建设需要不断地思考如何做出相应的调整。ADA 画廊网站的这一板块便在持续地试验。期间对功能定位和实现方式有着反复的思考和变化。初稿认为画廊的网站要完成的是介绍和发布这两块功能。但随着画廊所举办学术展览和中心所举办学术讲座等学术活动的持续发展和积累，这些学术信息的存档与进一步传播就成为一项重要的工作。如网站所承担的介绍和发布功能就与移动终端的社交平台所能完成的传播任务重叠，且未发挥网站的特长。

从已经积累的大量的信息基础出发，网站应该超出其基本功能，担负起"档案馆"的角色。就是希望它成为一种开源的状态，让对这些学术活动感兴趣但是未能参加活动的人，能够有一个窗口和平台浏览和回顾活动的影音记录资料。以这样的方式，让传播与学术资料的归档工作统一起来。

另一方面，网站的文献资料的归档陈列方式，还可以对应到中心相应的研究成果展示中。比如，中心的聚落调查工作获得了大量的一手资料和调查成果，尽管我们通过纸媒这种有着权威性和正统性优势的媒介完成了部分成果展示，但由于出版的周期和篇幅条件，仍然会限制信息传播的时效性和完整度。如果能够通过网站的架构设计，形成一种良好的内容观看体验，会更方便地将我们的研究工作成果进行展示与传播。

ADA
北京建筑大学 建筑设计艺术研究中心
BUCEA Graduate School of Architecture Design and Art

首页　关于ADA　最新动态　研究机构　ADA讲堂　招生入学　学术成果　ADA画廊　ADA杂志　联系我们

Architecture and Calligraphy
建筑与书法
2016.11.08 — 2016.12.16

主办：北京建筑大学建筑设计艺术研究中心
开幕时间：11月08日 15：00-16：00
北京建筑大学建筑设计艺术研究中心 ADA画廊
开放时间：周一至周六（法定节假日闭馆）10：00-18：00

ADA画廊｜建筑与书法 展
2016.11.08 —— 2016.12.16

北京市西城区展览馆路1号 ADA画廊 //ADA Gallery, No.1 Zhanlanguan Road, Xicheng District, Beijing P.R.China

---

新闻 | News　　　　　　　　　　　　　　　　　　　　　　　　　　　　MORE

ADA人物—方振宁：
ADA研究中心策展与评论研究所主持人

著名国际策展人、评论家和艺术家 北京建筑大学建筑设计艺术（ADA）研究中心策展与评论研究所主持人

ADA人物—齐欣：
ADA研究中心都市型态研究所主持人

著名建筑师，北京建筑大学建筑设计艺术（ADA）研究中心都市型态研究所主持人

ADA人物—王昀：
ADA研究中心主任/现代建筑研究所主持人

方体空间主持建筑师 任北京建筑大学建筑设计艺术（ADA）研究中心主任 现代建筑研究所主持人

ADA人物—刘东洋：
ADA研究中心当代建筑理论研究所主持人

城市笔记人、著名建筑理论，北京建筑大学建筑设计艺术（ADA）研究中心当代建筑理论研究所主持人

ADA人物—朱锫：
ADA研究中心自然设计建筑研究所主持人

著名建筑师 北京建筑大学建筑设计艺术（ADA）研究中心自然设计建筑研究所主持人

ADA人物—许东亮：
ADA研究中心光环境设计研究所主持人

著名光环境设计师 北京建筑大学建筑设计艺术（ADA）研究中心光环境设计研究所主持人

ADA人物—　　　　　ADA人物—王

活动预告 | Activities Notice

[ADA系列讲座]"光环境与视觉心理/米兰世博会中国馆照明设…

时间：2015-11-02 07:00
地点：ADA5号车间

"建筑中国1000"

时间：2015-09-24 02:00
地点：798艺术工厂

"院（yuàn）景"——大栅栏聚落调查展
ADA大栅栏观察站

时间：2015-09-23 10:00
地点：大栅栏碳儿胡同15号

MORE

ADA人物—朱锫：
ADA研究中心自然设计建筑研究所主持人

著名建筑师 北京建筑大学建筑设计艺术（ADA）研究中心自然设计建筑研究所主持人

ADA人物—黄居正：
ADA研究中心勒·柯布西耶建筑研究会主持人

特约著名建筑评论家 建筑理论研究者 北京建筑大学建筑设计艺术（ADA）研究中心 勒·柯布西耶建筑研究...

ADA人物—梁井宇：
ADA研究中心建筑与跨领域研究所主持人

著名建筑师 城市研究者 北京建筑大学建筑设计艺术（ADA）研究中心建筑与跨领域研究所主持人

ADA人物—华黎：
ADA研究中心建筑与地域研究所主持人

著名建筑师 北京建筑大学建筑设计艺术（ADA）研究中心 建筑与地域研究所主持人

ADA人物—黄元炤：
ADA研究中心中国现代建筑历史研究所主持人

中国（近、当代）建筑研究与观察家 北京建筑大学建筑设计艺术（ADA）研究中心中国现代建筑历史研究所主...

ADA人物—张捍平：
ADA研究中心世界聚落文化研究所主持人

聚落文化研究者 北京建筑大学建筑设计艺术（ADA）研究中心世界聚落文化研究所主持人

ADA人物—许东亮：
ADA研究中心光环境设计研究所主持人

著名光环境设计师 北京建筑大学建筑设计艺术（ADA）研究中心光环境设计研究所主持人

ADA人物—王辉：
ADA研究中心现代城市文化研究所主持人

著名建筑师 北京建筑大学建筑设计艺术（ADA）研究中心现代城市文化研究所主持人

ADA人物—童功：
ADA研究中心建筑与自然光研究所

著名建筑师 北京建筑大学建筑设计艺术（ADA）研究中心 建筑与自然光研究所主持人

ADA人物—马岩松：
ADA研究中心住宅研究所主持人

著名建筑师 北京建筑大学建筑设计艺术（ADA）研究中心 住宅研究所主持人

ADA人物—李静瑜：
ADA媒体中心负责人/ADA画廊执行总监

北京建筑大学建筑设计艺术（ADA）研究中心ADA媒体中心负责人/ADA画廊执行总监

ADA人物—赵冠男：
ADA研究中心现代艺术研究所主持人

现代艺术研究者，北京建筑大学建筑设计艺术（ADA）研究中心现代艺术研究所主持人

地点：798艺术工厂

"院（yuàn）察"——大栅栏聚落调查展
ADA大栅栏观察站

时间：2015-09-23 10:00
地点：大栅栏碳儿胡同15号

MORE

未来应该去尝试新的展览方式

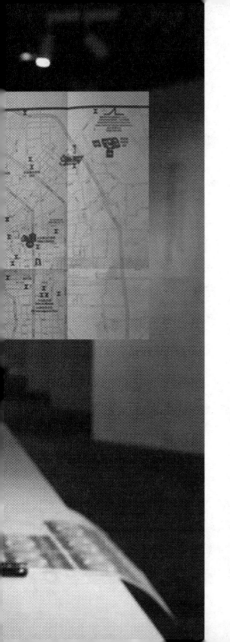

除了纸媒的局限,固定空间的展览也同样面临相同的局限性。中心曾对北京大栅栏地区的部分杂院民居进行过很详细的调查。之后就调查成果于设计周期间在大栅栏进行了一次展览。其中配合了印刷品、多媒体等展览内容。但不能避免的一点遗憾就是开展的研究工作所获得的大量资料,无法在两个屋子的有限空间里全面体现。所以在有限的空间和时间条件内,传统传媒手段就会有不可逾越的局限。那么我认为可能利用新时代手段,也许会为更好地来展现我们所做的学术工作提供一个机会,因为网络可以打破空间的局限。我想展览可以作为一个APP终端,脱离固定的空间和展位限制。通过有意识地进行人机交互设计,在展览的程序中,让人可以利用地点定位的方式在一个特定的场景里面去看到展览成果,以弥补虚拟展览互动性的缺失。我想这也是未来可能去尝试的一种展览方式。

我认为,在传播方面可以更多地尝试新的可能性,就会有不一样的人参与进来。阅读的习惯在年轻人中有明显的弱化,如果能够以活动和交互的方式获得大家的参与度,也许就能借着媒体方式的变化,把大家觉得枯燥的纯学术书籍中的内容,用一种比较轻松或者大家更容易接受的方式传播给他们。

以人为中心的传播趋势

从信息传播的角度看，现在的发展趋势就是越来越注重以人为中心。在开发信息技术相关的任何一种新产品的时候，都更强调人的介入、使用与体验问题，从而让用户以最简洁、最直接、最有效的方式获得他所期待的信息和功能反馈。

具体到实现手段上，可以从两方面来看。一方面是用户调研工作，通过调研来考察人在行为与心理方面是如何理解和使用相关产品的，通过用户使用过程中的反馈，促进产品在测试阶段的对应性改进。另一方面，就是从交互技术上对界面进行新的设计，比如从非触屏到现在的触屏所带来的交互界面的应用变化就是一个重要例证。

在信息传达的简洁和有效性问题上，就需要回到我们日常会接触但并不一定会关注的东西。比如一个门很多人不知道应该怎么打开，可能就要意识到这不是使用者的问题，需要从设计者的角度寻找问题。最先意识到这一点的人是美国用户体验设计的权威之一。他在提出这一问题的时候，美国处在大量使用电话的年代。起初电话只由几个数字键组成，后来随着普及就出现了更多的功能和按键，导致大家看到电话后不会用，必须认真地阅读说明书后才能正常使用。他认为这种现象证明了设计的失败，一个日常使用的物品不应该像开飞机或火箭操作台一样复杂。让任何人在不用使用说明书，或者简单地阅读说明书之后就可以使用它，是简洁有效的交互设计的重要标准和基础。

学术机构目标是教育不是游乐场

ADA画廊开幕展《激浪派在中国》被授予2014年北京国际设计周的"设计'为城市更新'服务——推动智慧城市建设的优秀项目"奖

我认为ADA有一个优势,就是作为一个小型的学术机构,它愿意去关注一些别人不去关注的内容,办一些别人不愿意办的学术活动。因为从媒体和活动的角度来看,商业性会和大众期待,或者叫市场有着最直接的关系,往往会直接影响什么样的活动有人愿意去做。但当我们开展工作的出发点不是从商业性的角度考量,不考虑其物质价值的创造力的话,就在一定程度上有着更高的学术纯净度和精神价值的意义。我们需要清醒地区分受欢迎和高水准之间的关系和差别。易于被接受的往往不一定是最有价值的内容。

如果不能清醒地认识到这一点,我想从大家希望看什么就做什么的层面出发,一个学术机构和学术性的画廊,本应起到的引领作用就一定不存在了。学术机构是以教育性为目的的,不应该是一个游乐场。我们还是应该相信,好的内容可能最开始只有个别的人可以欣赏或理解,但是只要秉持做好东西的态度,好的内容会因为人与人之间的交流与影响进行传播。但如果没有人去做这样的事情,或者说这样的内容得不到传播,那么所谓的高雅永远不会成为社会的引领力量。

VOICE

读书会 + 展览 + 讲座

声音

读书会

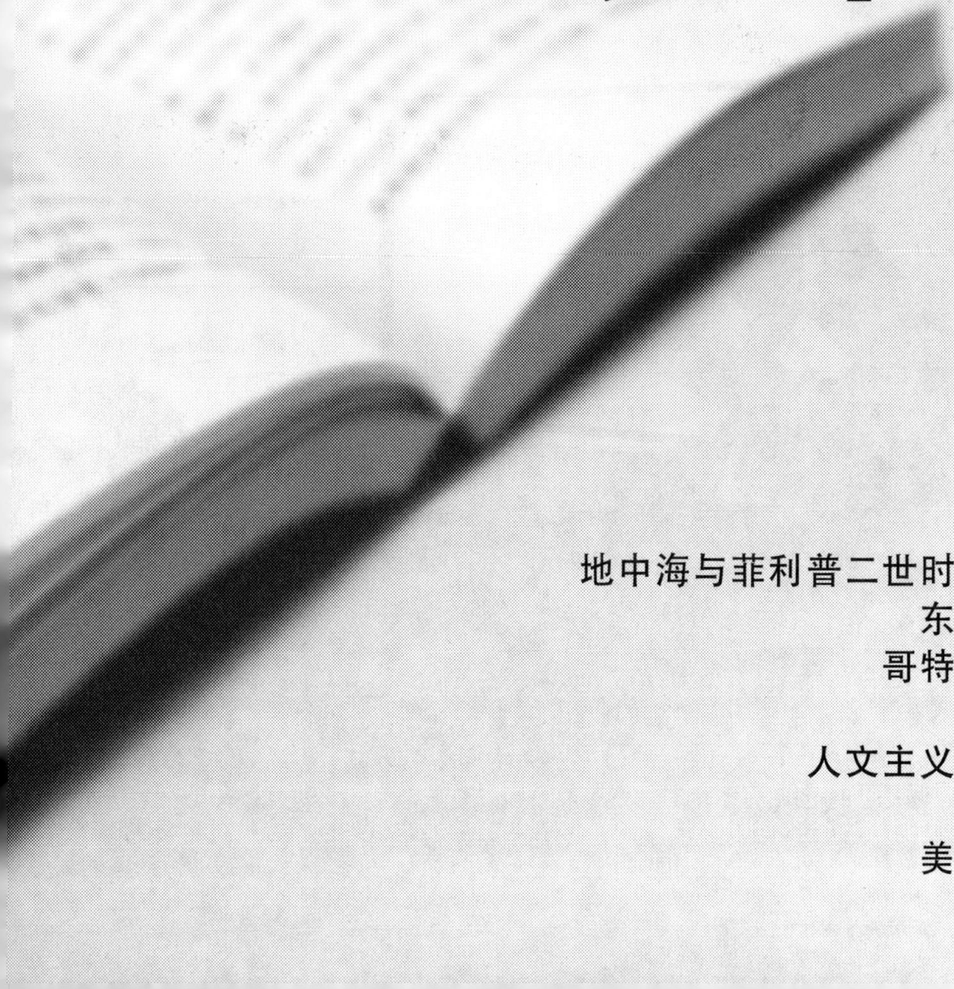

地中海与菲利普二世时代的地中海世界
东京：空间人类学
哥特建筑与经院哲学
忧郁的热带
人文主义时代的建筑原理
理想别墅与数学
美术史的基本概念

《地中海与菲利普二世时代的地中海世界》是法国史学家、年鉴学派的代表性人物费尔南·布罗代尔的扛鼎之作。在本期读书会中,城市笔记人老师将讲述法国年鉴学派"总体历史"的史学观点、研究方法、作者写作此书的时代和文化背景,以及将通过分析布罗代尔对长时段、中时段和短时段三个不同时间计量单位的观照,结合自己的实践,为城市规划和建筑学学科提供一种不同于以往的观察和研究视角。

东京在经历了1923年大地震及第二次世界大战的轰炸后,老城还保留着些什么呢?国际知名的日本建筑史学家阵内秀信行走于城市,试图重新发现东京城;带上旧地图,他漫步在东京的大街小巷,试图体验之前居民生活过的城市空间。他发现现今居民对全新城市的分割与两百年前的祖先近乎一致,通过详细调研城市格局如何包含自然及地形特点,阵内对研究角度加以强调,各种视觉文档(德川及明治时期的地图、建筑平面图、木板印刷、照片)也成为他观察的补充。虽然这本书是建筑师和史学家的学术研究,但它同样可

欧文·潘诺夫斯基编著的《哥特建筑与经院哲学——关于中世纪艺术、哲学、宗教之间对应关系的探讨》在著名的威尔玛系列讲座中具有突出的地位。威尔玛讨论是为了纪念美国境内本笃教派创始人威尔玛而专门设立的系列讲座,以邀请著名学者到圣文森特学院举办专题讲座而闻名。《哥特建筑与经院哲学——关于中世纪艺术、哲学、宗教之间对应关系的探讨》中,作者一反当时历史学家划分历史时期让众学科彼此之间缺乏交集的做法,研究哥特时期建筑艺术与经院哲学之间的同步关系。他将历史学家在没有受到外界干扰的情况下所获得对关于历史分期的结论,与艺术史家所独立获得的关于艺术分期的结论放到一

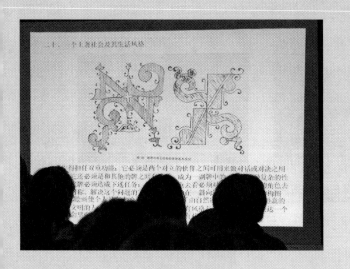
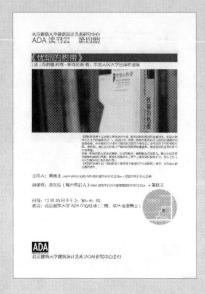

《忧郁的热带》是结构人类学宗师列维-斯特劳斯的著名的思想自传,更是人类学历史上的经典著作之一。青年时代,列维-斯特劳斯亲访亚马逊河流域和巴西高地森林,在丛林深处寻找保持最原始形态的人类社会。本书记述了他在卡都卫欧、波洛洛、南比克瓦拉等几个最原始部落里情趣盎然、寓意深远的思考历程与生活体验。

列维-斯特劳斯以全新的路径、开放的眼光,根据敏锐的洞察力,辅以生动丰富的想象和细腻的笔触,将这些部落放在了整个人类发展的脉络之中,提出了引人入胜的相互印证和比较研究。

《忧郁的热带》是一部对促进人类自我了解具有罕见贡献的人类学、文学及人类思想的杰作。

《人文主义时代的建筑原理》是 20 世纪德国著名艺术史学家鲁道夫·维特科尔 (Rudolf Wittkower) 论述文艺复兴建筑的权威著作，公认为它是该领域最具影响力和重要学术价值的文献之一。本书探讨了文艺复兴时期西方古典文化思潮对人文主义建筑师的影响，重点分析和阐释了当时最伟大的建筑家阿尔伯蒂和帕拉第奥的主要思想、理论和实践原理，并深入论述了文艺复兴时期建筑比例问题。

本书有助于全面客观了解文艺复兴建筑的创作动因和基本原理，以及建筑师创造和谐视觉形式的途径，对我国建筑师、建筑文化和哲学研究者，建筑院校、艺术院校和人文学科等相关专业师生和研究人员是一本可供学习、了解西方古典建筑创作原理和方法的基础参考书。

《理想别墅与数学》一书收录了世界著名建筑和城市历史学家、批评家和理论家柯林·罗 (Colin Rowe) 的文章，对帕拉第奥和柯布西耶的设计进行了思考和对比，讨论了手法主义和现代建筑，19世纪建筑语汇，芝加哥建筑，新古典主义和现代建筑，以及乌托邦建筑。

《美术史的基本概念——后期艺术中的风格发展问题》是沃尔夫林的代表作之一，也是20世纪欧美世界极有影响的一部美学和美术史著作。作者把文化史、心理学和形式分析融为一体，论述了欧洲16、17世纪艺术风格的历史嬗变。全书以五对基本概念为主要章节，从绘画、雕塑、建筑角度，熟练驾驭大量视觉材料，概括了古典艺术与巴洛克艺术之间的主要区别。同时，也让人思考以下问题：不同文化、不同时代是否存在共同的模式，从而构成表面上显得杂乱无章的艺术的发展基础？是什么因素引起人们对同一幅画或同一个画家完全不同的反应？此书和作者的另一部重要著作《古典艺术》一起被视为风格研究的重要文献。全书观点鲜明，分析透辟，极有启发性，有助于提高读者的理论修养，深化对艺术作品的认知。

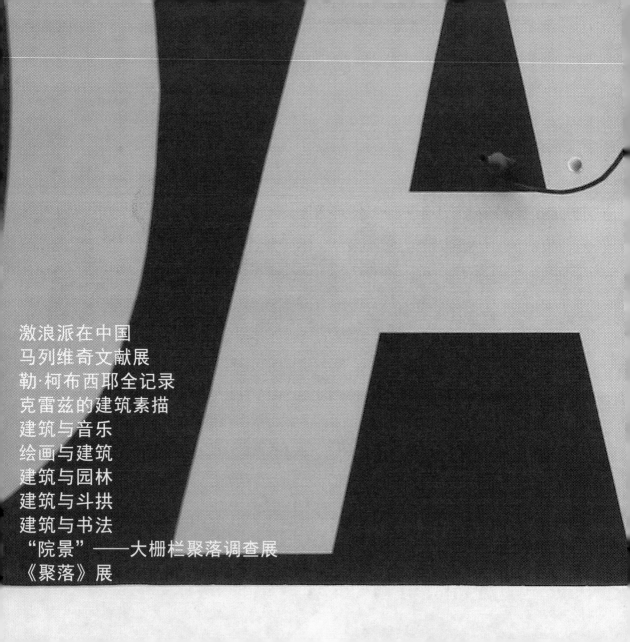

激浪派在中国
马列维奇文献展
勒·柯布西耶全记录
克雷兹的建筑素描
建筑与音乐
绘画与建筑
建筑与园林
建筑与斗拱
建筑与书法
"院景"——大栅栏聚落调查展
《聚落》展

展览

ADA 画廊开幕展
"激浪派在中国"

国内首家学术性建筑画廊——ADA 画廊隆重开幕。

9月26日北京建筑大学建筑设计艺术（ADA）研究中心 ADA 画廊在西城校区举行了隆重的开幕首展仪式。朱光校长出席了开幕式，并做重要讲话。张大玉副校长及学校相关部门的领导也出席了开幕式。

作为国内首家学术性的建筑画廊，它的成立得到了国内建筑界、艺术界的广泛关注。北京建筑大学建筑设计艺术（ADA）研究中心主任王昀主持开幕式，中国美术馆副馆长谢小凡，北京国际设计周筹备办副主任孙群，北京市建筑设计研究院有限公司董事长朱小地，中国建筑工业出版社社长沈元勤，清华大学建筑学院院长庄惟敏，著名建筑师、法国骑士勋章获得者齐欣，中国科学院大学建筑研究与设计中心主任崔彤，中央美术学院建筑学院副院长程启明，著名评论家、ADA 画廊首展"激浪派在中国"的策展人方振宁，以及北京建筑大学优秀校友、著名建筑师马岩松等分别为 ADA 画廊的开幕致辞。

出席开幕式的还有：清华大学建筑学院副院长单军、北京市建筑设计研究院有限公司总经理徐全胜、北京市建筑设计研究院有限公司胡越设计大师、清华大学建筑设计研究院副总建筑师祁斌、中国建筑工业出版社副总编王丽慧、《建筑学报》杂志总监刘爱华、《建筑师》杂志主编黄居正及编辑部成员、激浪派基金会（纽约）策展人林凡榆、《UED》杂志主编彭礼孝及执行主编柳青、《建筑创作》杂志执行主编王舒展、《城市·空间·设计》主编卢军、《建筑技艺》杂志编辑部主任朱晓琳、英国 Taylor & Francis 出版社编辑主管孙炼等。

国内建筑界知著名建筑师和建筑学者董豫赣、周宇舫、张路峰、刘晓都、王辉、褚平，以及人民日报、光明日报、中国青年报、北京人民广播电台、新京报、网易、TimeOut 等国内主流媒体也参加了当天的开幕式。

激浪派在中国
FLUXUS IN CHINA
2014.09.26

ADA 画廊于 2014 年 9 月 26 日至 10 月 20 日间举办展览《激浪派在中国》。展览由 ADA 研究中心策展与评论研究所主持人方振宁老师、哈利·司汤达、林凡榆共同作为策展人。同时，该展览还是中国首家建筑画廊ADA画廊的开幕展。激浪派是 20 世纪 60 年代的艺术运动，更是持续的社会影响力，是由立陶宛建筑家乔治·麦素纳斯所创立的。该展览考察了激浪派将艺术拓展到知识产权、教育改革、城市规划及建筑等社会其他领域的遗产及其至今的影响。展览包括激浪派建筑、激浪派艺术家作品、艺术与知识产权及教育改善四个方面的内容。

木构与智构：营造法式的构件体系与激浪派预制系统

Wooden Structures and Smart Structures: Modularity in Yingzao Fashi and Fluxus Prefab System

马 列 维 奇 文 献 展
MALEVICH DOCUMENT
2014.11.28

ADA画廊于2014年11月28日至2015年1月10日间举办展览《马列维奇文献展》。展览由ADA研究中心策展与评论研究所主持人方振宁老师策展。作为20世纪最重要的艺术家之一和至上主义的创始人,卡基米尔·马列维奇对20世纪的全球艺术产生了不可估量的影响。这是中国首次举办马列维奇的学术研究展。展览分为四个部分:第一部分是图文并茂的马列维奇生平与创作年表;第二部分是马列维奇1915年发表的至上主义宣言的核心内容;第三部分是关于马列维奇绘画形式来源以及与自然关系的视频影像《易容》;第四部分是装置艺术,在展厅角落复原的"最后的未来主义画展0,10"的"马列维奇之角"。

ADA 画廊于 2015 年 05 月 22 日至 2015 年 06 月 30 日间举办展览《勒·柯布西耶全记录》。展览由 ADA 研究中心策展与评论研究所主持人方振宁老师策展并监制。2015 年正值柯布西耶逝世 50 周年,在世界各地都举行了相关的纪念活动,其中位于法国巴黎的蓬皮杜艺术中心当时正在举行相关并富有国际影响力的大型展览。在这样一个历史节点上,ADA 研究中心的 ADA 画廊以"勒·柯布西耶全记录"为题同时展出柯布西耶全部作品的视觉大事记,此举正是想将他留给人类的遗产进行完美呈现。年表研究去除了所有水分,不评价,不形容,只是记述而不描述,尽可能全面地记述柯布西耶的生涯业绩。年表由四个大块构成:生平、建筑、艺术和著作、活动和影响。

勒·柯布西耶全记录
LE CORBUSIER DOCUMENTA
2015.05.22

ADA研究中心"院（yuàn）景"——大栅栏聚落调查展参加了2015北京国际设计周。2015年9月23日上午，ADA研究中心主办，大栅栏投资有限责任公司作为支持单位，ADA大栅栏观察站举办的"'院（yuàn）景'——大栅栏聚落调查展"在大栅栏碳儿胡同15号开幕。ADA大栅栏观察站是北京建筑大学建筑设计艺术（ADA）研究中心与大栅栏共同协作对大栅栏地区聚落空间、建筑空间以及居民生活进行调查研究设置的观察站点。大栅栏作为北京旧城区的一个标志性地区，其整体呈现出的聚落形态以及居民在其中的生活与行为都具有极强的代表性，我们关注居民的生活行为与现有空间之间的关系、生活在这里的居民对于生活空间的理解，居民随着生活的变化所带来的空间的需求和未来的愿景。

克雷兹的建筑素描
Christian Kerez's Architecture Drawings
2015.09.25

ADA画廊于2015年09月25日至2015年11月25日间举办展览《克雷兹的建筑素描》。展览由ADA研究中心策展与评论研究所主持人方振宁老师策展。本次展览是克里斯蒂安·克雷兹第一个以草图和施工图为载体的综合展览，对克雷兹而言，草图和施工图对整个设计流程至关重要。十二个设计项目被展出。展览中的草图很多来自设计的起步阶段，因此有些非常抽象，草图往往聚焦不同建筑要素之间的关系，以及结构、空间、光影的关系。手绘草图旁展示着精选的施工图纸。施工图不仅能展示建筑是如何建造的，同时与设计之初的概念草图并置，有助于更好地理解建筑的概念思考是如何在建造过程中连续并实现的。草图及施工图结合的展示将揭示建筑思考与真实建造的关系。

建筑与音乐展
ARCHITECTURE AND M
2016.03.18

ADA 画廊于 2016 年 03 月 18 日至 2016 年 04 月 28 日间举办展览《建筑与音乐》。本次展览展出了现代建筑研究所主持人王昀的"建筑与音乐"相关研究的部分成果。在音乐的乐谱中,不单纯是记录音乐的一种符号性表达方式,乐谱的空间性内容同样地以视觉性方式呈现在作为音乐符号性记录的乐谱中。将音乐进行视觉空间化的尝试,不仅可以发现乐谱中所隐藏着的空间特征,同时也会引发能否将空间性片段转化为乐谱,继而转化为对音乐的思考。展览呈现给大家的是以音乐空间与建筑空间对应性关系为题进行的思考。希望通过展览所呈现的空间模型,引发大家产生对音乐与建筑之间相互关联的共鸣,同时也期待能有音乐家将建筑空间转化为音乐。

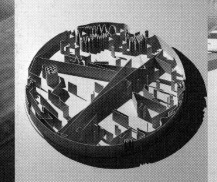

ADA画廊于2016年05月16日至2016年06月16日间举办展览《绘画与建筑》。展览展出了ADA中心王昀老师绘画与建筑相关的研究成果。从一个历史性的角度来看,绘画本身一直被视作一种建筑装饰物,绘制或悬挂在建筑的内外墙面,协助建筑展示某种风景或作为诉诸某种宗教含义的视觉呈现。进入20世纪,采用几何学形态组成的绘画与描绘具象对象物形态的绘画在艺术领域开始获得了等同的价值。从这个意义上来看,与几何学密切相关的建筑能够与绘画本身产生关联性。为此,在展览中,将绘画和建筑的关系用模型的方式加以呈现,从而引发大家产生绘画与建筑之间拥有相互关联的共鸣。

ADA画廊于2016年06月28日至2016年07月28日间举办展览《建筑与园林》。展览展出了ADA中心王昀老师建筑与园林相关的研究成果。呈现了他关于"传统中国古典园林的视觉形态能否直接与现代视觉以及现代设计的语言相关联"这一课题的思考。面对"传统"与"现代"对垒的局面，采用针对传统空间的抽象性与纯粹性表述，使"传统"与"现代"的割裂与论争得到统合。基于这样的理解，在展览中对传统的园林平面图进行彻底的抽象，抛掉所有过往的建筑材料、建构做法，将传统的中国园林仅仅以空间图式化的方式加以抽取，使传统中国园林与现代的视觉与空间形态系统能够产生直接的关联。

ADA 画廊于 2016 年 09 月 26 日至 2016 年 10 月 26 日间举办展览《建筑与斗拱》。展览展出了 ADA 中心王昀老师建筑与斗拱相关的研究成果。中国传统建筑真正的精华部分不仅仅是一种建筑形式上的表达，而是在于一种建筑方式的思考与表述。斗拱，已经获得与古希腊神庙中所采用的爱奥尼克、柯林斯柱式同样的意义。如果抛开斗拱作为展示建造技艺和文化视觉符号的装饰性意义，将建筑视为一种空间性的对象物，同时将斗拱本身所拥有的空间性特性强调并抽取出来，或许一种极具现代性的空间表达方式和途径便脱颖呈现。而将"斗拱"这一拥有中国建筑文化之化身级别存在的对象物，进行空间性的建筑呈现，是展览的目所在。

建 筑 与 斗 拱 展
Tou-Kung AND ARCHIT
2016.09.26

《聚落》展
SETTLEMENTS
2016.10.12

2016年10月20日,《聚落》展在"萨蒂的家"开展。展览以图片的方式陈列展出了世界范围内,不同地区、民族的聚落所呈现出的丰富样态。慢慢游走其中,引发着我们对于建筑、空间与人的关系的思考。聚落是由人类聚合而形成的最基本的生活环境,聚落的内部呈现着人类最基本的生活状态,聚落的建造和完成过程展示着人类生存的本能和源于这种本能的建造过程。其中抒发着人类的本能愿望,采用着本能的建造方式并解决着与生活相关的基本问题。

ADA 画廊于 2016 年 11 月 08 日至 2016 年 12 月 16 日间举办展览《建筑与书法》。展览展出了 ADA 中心王昀老师书法与建筑相关的研究成果。展览试图从中国传统的书法中提取与空间相关联的要素，通过对书法的空间性问题进行解读，关注书法中字与字之间的余白所产生的空间关系，力图在建筑和书法之间建立一种空间上的一致性及由书法中所获得的视觉特征，并将书法中所拥有的空间含义和空间形态赋予建筑的指向性。由书法空间向建筑空间转化的可能性的尝试性提示是本展览的目的。

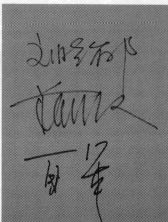

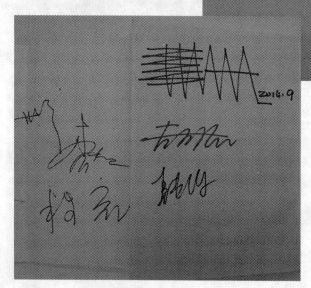
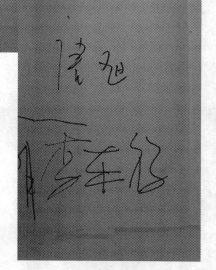

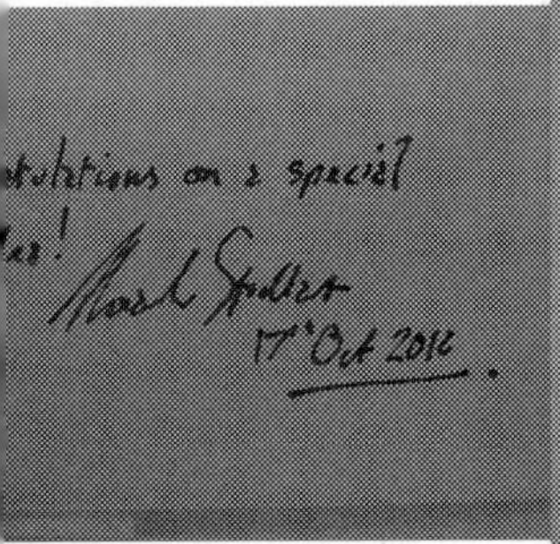

tulations on a special
ar!
17th Oct 2016

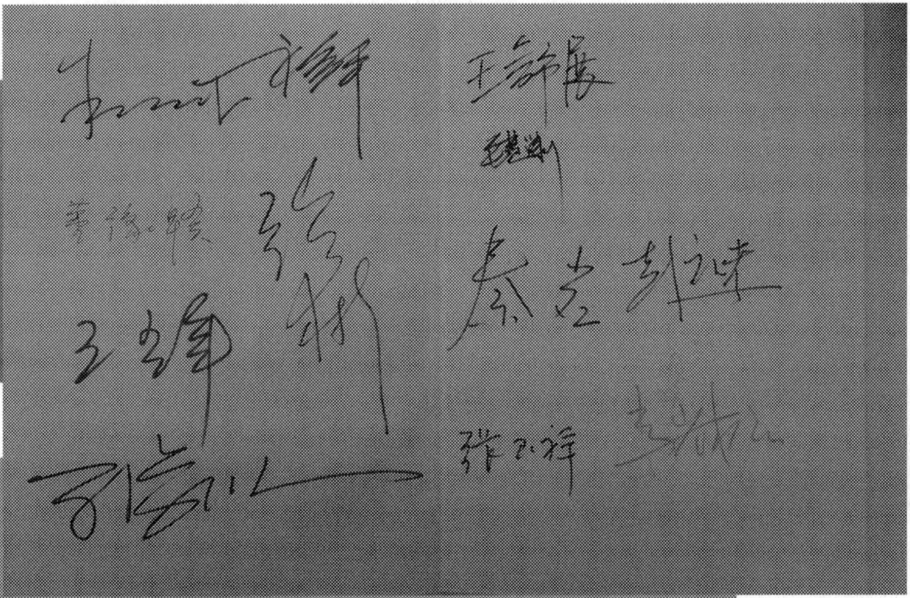

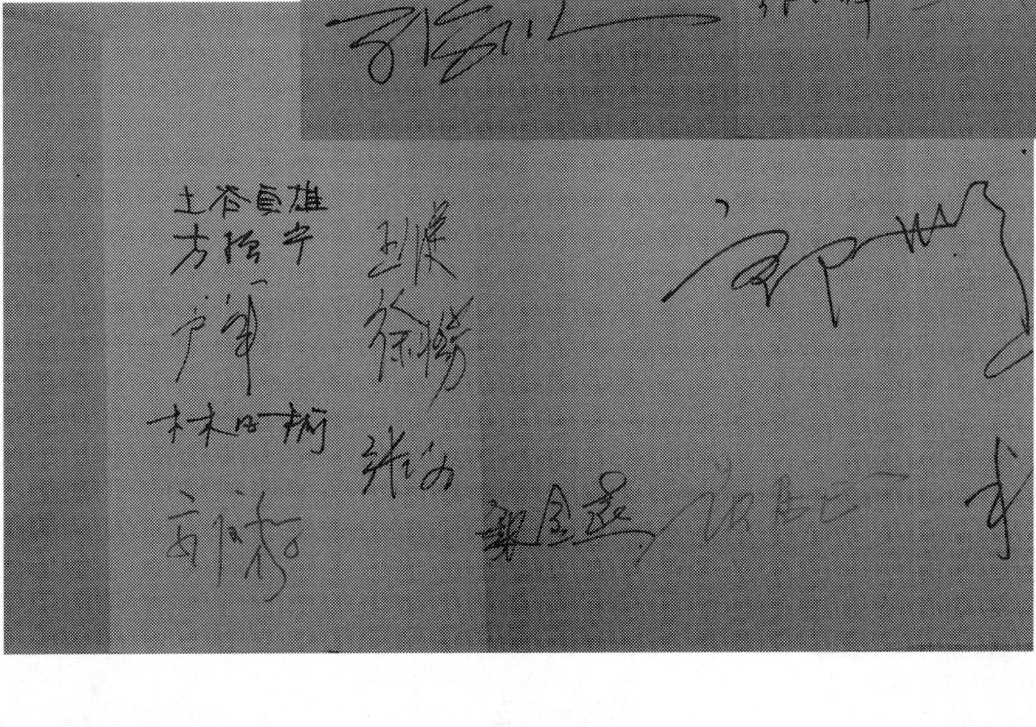

讲座

旅行即是教科书
建筑思维——在建筑凝固之前
现代建筑的流变
工艺性：现代建筑的一个传统
社会住宅的社会精神
光的理想国
自然—设计
中国近代建筑研究
城市笔记人系列
哥特建筑的一种阅读
现代主义——建筑·艺术·时代系列
特邀讲座

ADA 系列讲座是 ADA 研究及相关内容研究思想讲座。}持人主讲，针对各自研究领址在讲座中进行发布和阐述。

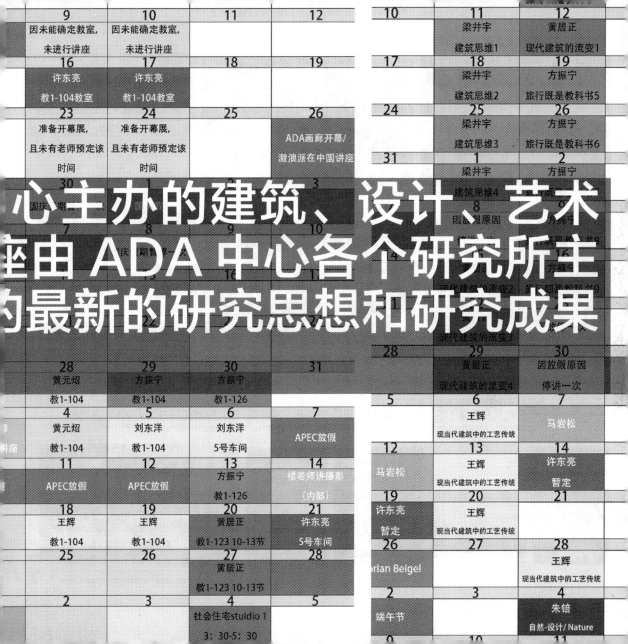

旅行即是教科书

13	14	15	16	17
旅行即是教科书 /	旅行即是教科书 / 始于2013年	旅行即是教科书 / 始于2013	旅行即是教科书 / 始于201	旅行即是教科书 / 始于2013年
	日内瓦和洛桑 / 寻找	蒙塔纳 - 阿尔卑斯	莫斯科 - 库哈斯	拉绍德封和日内瓦 / 早期柯布西耶
宁/主讲 / ADA研究中心 策展	方振宁/主讲 / ADA研究中心 策展与评	方振宁/主讲 / ADA研究中心 策展与评	方振宁/主讲 / ADA研究中心 策	方振宁/主讲 / ADA研究中心 策展与评论研究所主持人
4.12.23/19:00 – 21:00	2015.6.23/19:00 – 20:30	2015.6.24/19:00 – 20:30	2015.6.26/19:00 – 20:30	2015.6.30/19:00 – 20:30
主办：ADA研究中心	主办：ADA研究中心	主办：ADA研究中心	主办：ADA研究中心	主办：ADA研究中心
北京市西城区展览馆路1号	地点：北京市西城区展览馆路1号 / 北	地点：北京市西城区展览馆路1号	地点：北京市西城区展览馆路1号	地点：北京市西城区展览馆路1号 / 北京建筑大学 / ADA中心五号车间

ADA系列讲座"旅行既是教科书",主讲人:方振宁/ADA研究中心策展与评论研究所主持人。方振宁老师通过大量旅行中拍摄的照片,讲述了对于建筑、设计及艺术的所学所感。至今已进行了鹿特丹、里斯本、莫斯科、日本、毕尔巴鄂、苏黎世、库尔和瓦杜兹、洛桑、维特拉、圣彼得堡、威尼斯、罗马、里昂、日内瓦、蒙塔纳、拉绍德封等地旅行经历的17次讲座。课程丰富的视觉图像传达,大量的信息,在一种漫游式的体验中建立对于建筑、设计及艺术的全新感知模式,通过主讲人个人的经历传达国内国外最新的建筑设计艺术信息和动态,同时从建筑设计艺术的角度也让参与课程的同学可以更加具有现场感地去了解世界各地的文化差异,捕捉旅行中的闪光点。

建筑思维
在建筑凝固之前

2 ADA
建筑思维—在建筑凝固之前
2014.03.18/19:00-21:00
第二讲：新千年价值观备忘录
梁井宇/主讲/ADA研究中心跨领域研究所主持人 王昀/主持/ADA研究中心主任
北京西城区展览馆路1号 北京建筑大学 教1-104教室

3 ADA
建筑思维—在建筑凝固之前
2014.03.25/19:00-21:00
第三讲：我们周围的事物
梁井宇/主讲/ADA研究中心跨领域研究所主持人 王昀/主持/ADA研究中心主任
北京西城区展览馆路1号 北京建筑大学 教1-104教室

4 ADA

5 ADA
建筑思维—在建筑凝固之前
2014.12.08/19:00-21:00
第五讲：有人说你形式感很强？
梁井宇/主讲/ADA研究中心跨领域研究所主持人
北京西城区展览馆路1号 北京建筑大学 教1-126教室

6 ADA
建筑思维—在建筑凝固之前
2014.12.10/19:00-21:00
第六讲：传统这东西我明白，但继承是什么？
梁井宇/主讲/ADA研究中心跨领域研究所主持人
北京西城区展览馆路1号 北京建筑大学 教1-104教室

7 ADA
建筑思维—在建筑凝固之前
2014.12.15/19:00-21:00
第七讲：众生与庇护
梁井宇/主讲/ADA研究中心跨领域研究所主持人
北京西城区展览馆路1号 北京建筑大学 教1-126教室

《建筑思维——在建筑凝固之前》系列讲座由ADA研究中心主办。讲座中，ADA研究中心建筑与跨领域研究所主持人梁井宇老师通过禅意的讲述，循循善诱，指引同学们走向建筑设计的开悟。

在第一讲中，梁老师提出了"建筑的美丑有客观标准吗"的疑问，将对美丑的思考呈现在同学们面前，建筑除了功能与便捷之外"多余"的东西——美，更是很多人所追求的。但建筑是无常的，并非永恒的，美丑的标准也因人而异。美没有对错，但支配审美的价值观却有其判断的标准。第二讲，梁老师将抽象的建筑思维转移至易懂的文学作品中，通过对《新千年文学备忘录》的跨界思考，得出了建筑设计的价值观：轻、快、精确、形象、重复。第三讲中，梁老师讲述了如何观察周围的事物。建筑在日常生活中会隐藏起来，在无人之时又显现出来，对日常生活的观察很多时候会成为建筑设计的根源。在第四讲中，梁老师对形式与想象力进行了讲解："设计并非形式的堆积，事物应当是事物本身"。

建筑师需要在建筑开始之前就已经掌握整个建筑的走向和其整体形象。在这四堂课中，梁井宇老师将不可描述的建筑思维，通过跨领域的转换，使之成为日常生活中熟悉且易懂的表述，让同学们对建筑设计有了更深刻的思考，并激发同学们不断深入思考、感悟设计之道。

现代建筑的流变

卡洛·斯卡帕：时间的形状

主讲人：黄居正
ADA 研究中心／勒·柯布西耶建筑研究会主持人

讲课日期：2014年11月27日
讲课时间：18:30–21:00
讲课地点：北京市西城区展览馆路1号／北京建筑大学／教1-123

路易·康：筑造的意志

主讲人：黄居正
ADA 研究中心／勒·柯布西耶建筑研究会主持人

讲课日期：2014年12月4日
讲课时间：18:30–21:00
讲课地点：北京市西城区展览馆路1号／北京建筑大学／教1-123

场地建造

主讲人：黄居正
ADA 研究中心／勒·柯布西耶建筑研究会主持人

讲课日期：2014年12月11日
讲课时间：18:30–21:00
讲课地点：北京市西城区展览馆路1号／北京建筑大学／教1-123

ADA系列讲座"现代建筑的流变",主讲人:黄居正/ADA研究中心勒·柯布西耶建筑研究会主持人。讲座通过事件发生背后的观念变化,讲述现代建筑发展的历程。第一讲:"从拉斐尔前派到包豪斯",讲述了现代建筑发源及其发源的原因;第二讲:"柯布西耶建筑起源的追溯与原型的展开(上)";第三讲:"柯布西耶建筑起源的追溯与原型的展开(下)",讲述了柯布对现代建筑起源的思考以及他在自己建筑生涯中的探索;第四讲:"密斯·凡·德·罗:徘徊在古典与非古典之间";第五讲:"阿尔瓦·阿尔托:幸福的建筑";第六讲:"卡罗·斯卡帕:时间的形状";第七讲:"路易·康:筑造的意志",分别对现代主义中四位关键建筑师的思想和作品进行了梳理;第八讲:"场地建造",是关于基地与场所,以及对现代建筑的考察。

北京建筑大学建筑设计艺术研究中心系列讲座

工艺性：现代建筑的一个传统
THE CRAFTSMANSHIP AS A TRADITION IN MODERN ARCHITECTURE

第一讲：手工建造作为一个传统　　第二讲：细部工艺作为一个传统
Lecture One: crafts as a tradition　　Lecture Two: details as a tradition

第三讲：建构作为一个传统　　第四讲：乌托邦绘制作为一个传统
Lecture Three: techtonics as a tradition　　Lecture Four: drawing as a tradition

理　　　　　　　　　　　　　　　　　　　　　　　　　　　　y
卡 尔   理论
Karl M   ation
马   住
Marti   wells
汉 娜 阿 伦 特 /《 人 的 境 况 》/ 劳 动 工 作 行 动
Hannah Arendt The Human Condition/labor work action
理 查 德 森 内 特 /《 工 艺 者 》/ 工 艺 者 工 艺 工 艺 性
Richard Sennett/The Craftsman/craftsmen craft craftsmanship

链　接　案　例　/　C a s e　　S t u d i e s
William Morris, Antoni Gaudi, Friedensreich Hundertwasser, Jimmy Lim

链　接　案　例　/　C a s e　　S t u d i e s
Carlo Scarpa, Sverre Fehn, Tod Williams+Billie Tsien

链　接　案　例　/　C a s e　　S t u d i e s
Piranesi, Madelon Vriesendorp, Lebbeus Woods, 李 涵, Hugh Ferris, Daniel Libeskind, Minoru Nomata

ADA 系列讲座"工艺性:现代建筑的一个传统",主讲人:王辉/ADA 研究中心现代城市文化研究所主持人/URBANUS 都市实践合伙人。讲座中王辉老师于社会生产的宏观背景中,通过"手工建造作为一个传统""细部工艺作为一个传统""建构作为一个传统""乌托邦绘制作为一个传统"四次课程,探讨分析建筑师如何通过个人的劳作,超越生产、生产产品及生产过程中人与人的关系中存在的异化问题。

ADA系列讲座"社会住宅的社会精神",主讲人:马岩松/ADA研究中心住宅研究所主持人/MAD建筑事务所创始人、合伙人。讲座从建筑精神性、社会性的角度,研究住宅中的时代和人文情感,探讨住宅与社会问题的关联,共分为两次课进行,第一讲:"社会变革和住宅革命",讲述了社会住宅的特点、产生背景和发展历史;第二讲:"理想VS.现实",通过历史来说明众多伟大的建筑师对居住的关心和对住宅的探索。

ADA 系列讲座"光的理想国",主讲人:许东亮/ADA 研究中心光环境设计研究所主持人。讲座共进行了九次,第一讲:"建筑是如何亮起来的";第二讲:"城市是如何亮起来的";第三讲:"光与媒体建筑";第四讲:"光的感情表达";第五讲:"灯光设计在酒店中的应用";第六讲:"光的理性游戏";第七讲:"杂碎--光的背后";第八讲:"光浴空间";第九讲:"专业照明设计与专业建筑摄影"。

讲座中,许东亮老师通过对实际案例的讲解,说明了建筑师与灯光设计师的关系以及建筑是如何亮起来的,并且邀请了多位光环境设计的业内人士共同分享设计经验。

ADA 系列讲座"自然—设计 / Nature Inspired Design",主讲人:朱锫/ADA 研究中心自然设计建筑研究所主持人。朱锫老师分享了自己的设计作品、设计理念以及对于"自然诱发设计"的思考。在讲座中,朱锫老师通过设计,回到自然,寻找人类在受到文化影响之前时的直觉与本质,探讨中国当代建筑应何去何从。

4
——近代建筑"相关"执业形态之现象——

中国近代建筑研究

3
——近代建筑教育之源流与萌生——

中国近代建筑研究

2

中国近代建筑研究

中国近代建筑研究

1
——近代历史、文明与建设之综述——

"论述框架"
缺席与无声
遗失与欠缺
史实的籀画
文明的概述
建设和期许

2014.10.20/周一/19:00—21:00

讲座 教室

黄元炤 / 主讲

ADA研究中心 中国现代建筑历史研究所 / 主持人
中国(近—当代)建筑历史研究与观察家

ADA 系列讲座"中国近代建筑研究",主讲人:黄元炤/ADA 研究中心中国现代建筑历史研究所主持人。第一讲从历史观、世纪观以及人类文明演变的角度,对中国近代历史、文明与建设进行了总综述;第二讲讲述了近代建筑师之"个体"观察与关系,其中包括建筑师的出生时代背景、家世背景和其自身的养成;第三讲讲述了近代建筑教育之源流与萌生,进而探讨和推论了境内外建筑教育的差别与分歧,并介绍了中国近代教育的创办和学风。通过这一系列讲座,黄元炤老师分享了其对于中国近代建筑的研究。

城市笔记人系列

从壁炉到《壁炉》
勒·柯布西耶第一幅油画的探幽

主讲人／刘东洋
ADA研究中心当代建筑理论研究所主持人
讲座时间／2014年11月5日／周三／19:00-21:00
讲座地点／北京市西城区展览馆路1号 北京建筑大学

柯布前传：白宅的时空错乱
Le Corbusier before Le Corbusier: the Anachronism in Maison Blanche
主讲人：刘东洋（城市笔记人）
ADA研究中心当代建筑理论研究所主持人
讲座时间：2015年3月23日／周一／19:00
讲座地点：北京建筑大学／教3-104教室

柯布前传：罗马八
主讲人：刘东洋（城市笔记人）
ADA研究中心当代建筑理论研究所主持人
讲座时间：2015年6月8日／周一／1
讲座地点：ADA研究中心5号

大连空间史（第一讲）
甲午战争前的金州古城
主讲人：刘东洋（城市笔记人）
ADA研究中心当代建筑理论研究所主持人
讲座时间：2014年12月22日／周一／19:00
讲座地点：北京市西城区展览馆路1号 北京建筑大学
教1—126教室

柯布西耶的空间美学
／刘东洋（城市笔记人）
著名建筑理论家
ADA研究中心当代建筑理论研究所主持人
2014年11月6日／周四／下午2:30
／北京市西城区展览馆路1号 北京建筑大学／ADA研究中心NO.5

大连空间史（第二讲）
山海之间的新区中心规划故
主讲人：刘东洋（城市笔记人）
ADA研究中心当代建筑理论研究所主持人
讲座时间：2014年12月24日／周三／19:00
讲座地点：北京市西城区展览馆路1号 北京建筑大学
教1—104教室

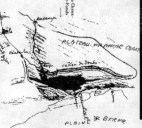

慢读基地计划
刘东洋（城市笔记人）／ADA研究中心当代建筑理论研究所主持人
时间：2015年4月22日／周三／14:30
地点：北京建筑大学ADA研究中心红场／ADA画廊二层

ADA

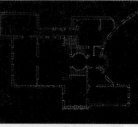

柯布与手法主义
讨论兼讲座
主讲人：刘东洋（城市笔记人）／ADA研究中心当代建筑理论研究所主持人
时间：2015年6月9日／周二／14:30--16:00
地点：北京建筑大学ADA研究中心5号space

ADA

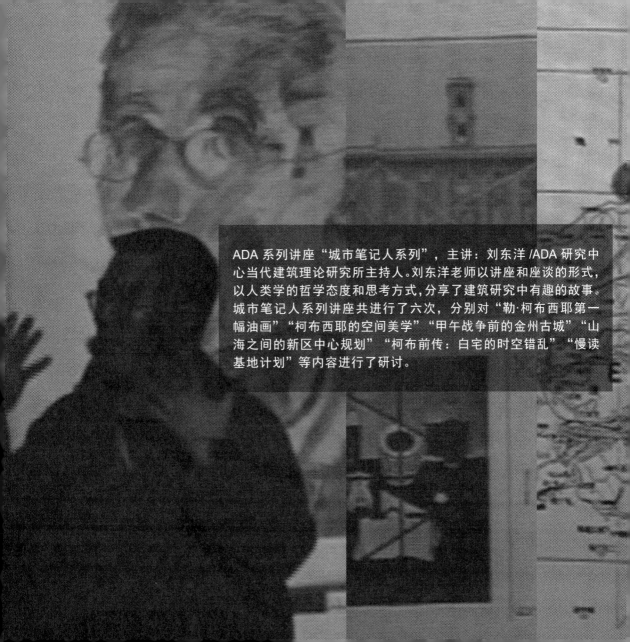

ADA系列讲座"城市笔记人系列",主讲:刘东洋/ADA研究中心当代建筑理论研究所主持人。刘东洋老师以讲座和座谈的形式,以人类学的哲学态度和思考方式,分享了建筑研究中有趣的故事。城市笔记人系列讲座共进行了六次,分别对"勒·柯布西耶第一幅油画""柯布西耶的空间美学""甲午战争前的金州古城""山海之间的新区中心规划""柯布前传:白宅的时空错乱""慢读基地计划"等内容进行了研讨。

哥特建筑的一种阅读

LECTURE ONE / MODELS / A READING ON TYPOLOGY
2014.11.18

第二讲 \ 柱式 \ 阅读法国哥特建筑
LECTURE TWO / ORDERS / A READING ON FRENCH GOTHIC
2014.11.19

第三讲 \ 天花 \ 阅读英国哥特建筑
LECTURE THREE / CEILINGS / A READING ON BRITISH GOTHIC
2014.12.09

第一讲 \ 形制 \ 阅读基本类型学
LECTURE ONE / MODELS / A READING ON TYPOLOGY
2014.11.18

第二讲 \ 柱式 \ 阅读法国哥特建筑
LECTURE TWO / ORDERS / A READING ON FRENCH GOTHIC
2014.11.19

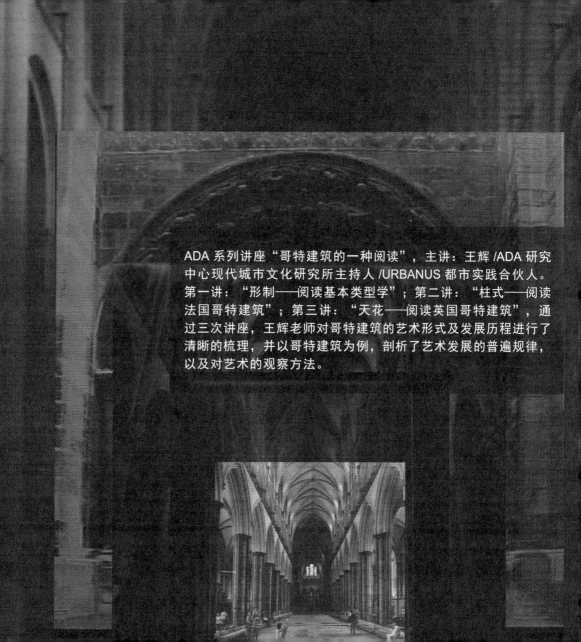

ADA系列讲座"哥特建筑的一种阅读",主讲:王辉/ADA研究中心现代城市文化研究所主持人/URBANUS都市实践合伙人。第一讲:"形制——阅读基本类型学";第二讲:"柱式——阅读法国哥特建筑";第三讲:"天花——阅读英国哥特建筑",通过三次讲座,王辉老师对哥特建筑的艺术形式及发展历程进行了清晰的梳理,并以哥特建筑为例,剖析了艺术发展的普遍规律,以及对艺术的观察方法。

二十世纪的到来

未来与历史的决裂

现代主义
建筑·艺术·时代
建筑大学建筑设计艺术研究中心系列讲座

无具象对象的世界

建筑与艺术的现代联接

特邀讲座

马列维奇的
和周边

建筑与五感

六角鬼

建筑师与家具

讲座时间：2015.07.14
讲座地点：北京建筑大学/ADA中心

讲：方海
同济大学教授、博士生导师
芬兰阿尔托大学研究中心
广东工业大学艺术设计学院院长

建筑与五感
Architecture and Five Senses

主讲人：
六角鬼丈

北京建筑大学建筑设计艺术研究中心系列讲座

建筑的现实，现实的建筑

主讲人：
阮庆岳 Ching-Yueh Roan

著名作家、建筑师与策展人。著作包括文学类《林秀子一家》、及建筑类《漫游建筑》等三十余本。曾为开业建筑师，现任台湾元智大学艺术与设计系教授。2006年策展《乐园重返：台湾的微型城市》以多元视点展现台湾建筑最新面貌，其文学作品曾入选台湾文学奖次文学奖及短篇小说推荐奖，并获得2003年纽约文化艺术基金会，台北文学奖文学创作奖入选，亚洲周刊中文十大好书等。2009年被委任为威尼斯双年展台湾馆策展人，以及2012年第三届中国建筑媒体奖终身评论奖。

讲座时间：2015.06.12 / 周五 / 19：00
讲座地点：北京建筑大学ADA研究中心5号车间

ADA

2014.9.26 13:00-14:30

北京建筑大学建筑设计艺术研究中心/ADA画廊开幕展
The Inaugural Exhibition of ADA Gallery of Graduate School of Architecture Design and Art, Beijing University of Civil Engineering and Architecture

主讲人：林凡榆
主持人：方振宁（国际策展人、批评家）
地点：北京市西城区宣武体育场/北京建筑大学/1.26教室

Lecturer : Fanyu Lin (Architect and Curator, Fluxus Foundatio
Host : Zhenning Fang (International Curator, Critic)

ADA特邀讲座邀请了多位知名的建筑师，以讲座的形式分享他们的作品、经验以及对设计的思考，并根据ADA画廊所举办的展览主题，邀请相关领域研究的专家与学者进行相关的主题讲座。

"建筑与五感"，主讲人：六角鬼丈 / 东京艺术大学名誉教授 / 中央美术学院特聘教授 / 六角鬼丈设计工坊主持人。六角鬼丈老师在讲座中介绍了自己的建筑作品，阐述了自己以人的五感为出发点的设计理念。

"建筑师与家具"，主讲人：方海 / 芬兰阿尔托大学教授、博士生导师 / 执教于北京大学建筑学研究中心 / 广东工业大学艺术设计学院院长。讲座中，方海老师讲述了建筑师与家具之间的紧密关系。

"建筑的现实，现实的建筑"，主讲人：阮庆岳 / 著名评论家、作家、建筑师、策展人 / 台湾元智大学艺术与设计系教授。阮庆岳老师讲述了自己将展览与都市现实相结合的策展经历，表达了自己对于建筑与现实之间的关系的思考。

"激浪派在中国"，主讲人：方振宁 /ADA研究中心策展与评论研究所主持人，林凡榆 / 纽约激浪派基金会。讲座配合ADA画廊开幕展，介绍了激浪派艺术的产生与发展，激浪派预制体系与中国传统建筑构件斗拱之间的互通性以及在激浪派建筑中的应用。

"马列维奇及其周边"，主讲人：塔季亚娜·尤利耶娃 / 俄罗斯圣彼得堡国立大学自由艺术与人文科学系教授，贾吉列夫当代艺术博物馆馆长，俄罗斯联邦荣誉艺术工作者。讲座配合ADA画廊所进行的"马列维奇文献展"，介绍了俄罗斯伟大的至上主义艺术家马列维奇的生平、主要作品和创作思想。

SERIES
PUBLICATIONS

也不知道是从什么时候开始,建筑、设计、艺术,变成了彼此独立的三个分支。似乎在建筑和艺术之间很难产生关联的同时,设计和艺术之间又似乎有所区分。往往我们在讨论这类问题的时候,会说:哦,这个设计是艺术性的设计,这个建筑是艺术性的建筑。那么,试问,非艺术性的建筑又是怎样?非艺术性的设计又是如何?艺术和设计、艺术和建筑之间,难道,一定存在这样大的差别吗?细想一下,之所以会将建筑、设计和艺术之间如此地割裂看待,恰恰源于我们的教育本

丛书

身,即所谓建筑、设计、艺术学科之间的划分以及各学科内部所进行的再次细分已经很难将建筑、设计和艺术进行统合地去理解。在我看来,所有的建筑、设计、艺术均为人类创造的不同的表现形式,是人的思考及思想所呈现出的不同状态。换言之,如果将人作为一切人造物的终极归宿点,并将建筑、设计、艺术视为人的意识活动的产物,那么它们彼此之间存在着必然的联系。

正是在这样一个思考的前提下，我们将建筑、设计和艺术重新摆放到同一个平台上来进行整体的思考，力图搭建一个整体和综合性的平台。而这也正是我们创设这套"建筑、设计、艺术丛书"（Architecture Design Art Series，以下简称"ADA 丛书"）的目的。ADA 丛书是建筑、设计、艺术的理论丛书，丛书名由建筑、设计、艺术的英文 Architecture、Design、Art 的第一个大写字母所组成。这套丛书大多由年轻一代的研究者所撰写。希望未来的青年学者和设计师不再让学科间有如此清晰的割裂,并能用一种综合的视角去思考和看待我们所面临的问题。同时,如果 ADA 丛书为青年学者开辟了一块理论园地,并由此为未来一代打破学科之间壁垒提供一种示范效应,那么这套丛书也就起到了它应有的作用。

ADA
画廊 gallery

04 / 2016 NO. 01 首发号

Natural Scenery 融入到音乐节奏中的自然风景 **nbedded in Music Rhythm**

ARCHITECTURE
AND   MUSIC

乐谱上的建筑——建筑与音乐

Erik Satie's HOME　　　　　萨蒂的家
Space From Score　　　　乐谱上的空间

《ADA 画刊》是配合 ADA 画廊举办的学术展览所印制的视觉宣传折页。2016 年共印制四期

画刊

ADA 画廊 gallery

PAINTING AND AR
画布上的空间

No.02

Space from Painting

ADA
画廊 gallery

06/2016 NO.03

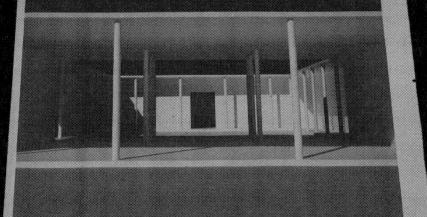

ARCHITECTURE AND GARDEN
传统中的现代可能性　　　　　建 筑 与 园 林

No.03

传统园林的现代性的表达，是一种空间意义上的取径，也是现代意义上的课题

The expression of traditional gardens' modernity is linking through the space. It's also a topic on its modern meaning.

Possibility of Morden from Tradition

世界将在 2019 年迎来未来主义运动诞生 110 周年。1909 年，以意大利北部工业重镇城市米兰为中心所出现的未来主义运动，迅速地在这个曾经孕育过悠久西方古代文明史、积聚着深厚文化传统的意大利蔓延、展开，并随即扩散到全世界，从而成为一场对 20 世纪人类的文化艺术活动产生深刻影响的艺术运动。自 1909 年他们在法国费加罗报发表未来派宣言之后，他们便以宣言作为自己的艺术行动规范，并在向往将其实现的过程中创造并影响了近代文明和新的艺术的发展进程，他们大胆地对过去加以否定，对传统加以破坏，从现实的

杂志

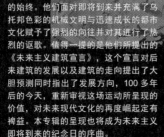

非习惯性的价值观中发现真正价值，他们以一种之前从未有过的如此彻底的前卫姿态，贯穿整个艺术思考和艺术运动的始终。他们面对即将到来并充满了乌托邦色彩的机械文明与迅速成长的都市文化赋予了强烈的向往并对其进行了热烈的讴歌。值得一提的是他们所提出的《未来主义建筑宣言》，这个宣言对后来建筑的发展以及建筑的走向提出了大胆预测同时指出了发展方向，100多年后的今天，重新审视这场运动所呈现的价值，对未来现代文化的再度崛起定有裨益。本专辑的呈现也将成为未来主义即将到来的纪念日的序曲。

DA

主义的态度
TUDE OF DADAISM

几个都市的流

1916 年至 1924 年，欧洲兴起了一系列面对新时代所进行的关于新的可能性的探索。其中包括对文化、诗歌艺术及社会制度的重新思考。这一时期的探索被后来的评论家归纳为"达达主义"的创立和发展时期。

今年恰好迎来了达达主义的 100 周年，百年前的苏黎世伏尔泰咖啡馆里，一群艺术家聚在一起探讨诗歌。在日常性当中重新组合进一些内容，这种碰撞带来了视觉和思想方法的新可能性。其中拼贴的这样一种方式，将不同的看似平常的事物进行重新组合的做法，与中国的思维状态十分吻合。在中国汉字的处理方式中可以看到，通过两个彼此不同意义的文字并置，可产生新的意义。比如汉字"采"，上半部分是一个"爪"，下面是一个"木"。并置后，形成了表示收东西的一个新的词语和动作。构成"采"字的上下两个符号具有两种不同的指向意义。当这样的两种不同指向的符号重新拼贴在一起时，出现了一种出乎意料的新的意义的特征，也与 20 世纪初那个时代出现的蒙太奇、新的诗歌相对应。同时，包括广告及广告上不同字体意义，其打破了过去传统的平衡、统一、协调等概念。

20世纪欧洲所经历的时代，是一个机械产品进入传统的社会生活中的时代，工业生产冲击了传统的手工艺产品的同时，更重要的是出现了一个现象，就是会有大量两种不同时代的东西被并置在一起，形成属于这个时代生活的道具和场景。城市也是如此，新的建筑被镶嵌在已经非常完美的传统建筑中，产生了如化蝶过程中的中间产品。如果说传统城市是"蛹"，今天的城市就是"蝶"的话，那么那个时代就处在一个非"蛹"非"蝶"的状态。这种状态所拼合形成的风景，恰恰启发了那个时代的艺术家的拼贴手段。就是说，不同时期的、甚至是具有冲突的两个部件，并置在同一个场所的景象，恰恰是1916年至1924年那个时代的各个方面都在呈现的主要风景。

今天的中国，城市和我们的个人生活之间，甚至与家庭里的生活道具之间，同样会发现存在着不同时代、甚至不同地域的产品或思想、理念被并置在一起的一个状态。面对这样的时代的特征，一种思考，是我们摒弃新的东西，返回到传统中去；还有一种思考，就是摒弃传统，把传统毁掉后完全去接受新的东西。我想在这两种对立的思考之间，就是现在我们所处的这样一种传统与当代产品并合的状态。这种重新组合、并置的方式，能够产生新的意义的同时，或许也是我们对100年前欧洲发生的这一切进行整理的初衷。

马列维奇和至上主义将过去所有的一切进行了关闭，从而提供了一个得以展现全新世界的可能。而这一切开始于对圣像进行的涂抹，具象的圣象成为纯粹的黑方块儿。而结果是这个黑色的正方形产生了一种深邃，并启发了一种去探索全新宇宙世界的开始。客观上也使得绘画的表现不再是"具象"或者"变形"的绘画，

成主义的大门。如果说马列维奇将艺术本身引向纯粹和至上的理想世界，产生于荷兰的风格派却将一种绘画观念和思想，转换和指向建筑、设计和艺术。风格派是将理论应用到实践上的强者，风格派的文字设计、版式设计、家具设计的出现，特别是风格派的建筑设计的出现，使得一种作为绘画和造型的理论直接地与建筑

最有影响力的，而且至今仍然有所启发的一种关于理论的践行过程。马列维奇和风格派，尽管这两个奠定了20世纪现代艺术理论基础，同时顺利地完成了由现代绘画向现代建筑转化的实践过程发生在100年前的欧洲，而这一切对于我们当下对艺术理论和建筑设计或许同样地能够带来思考，并且能够对于今天的创作

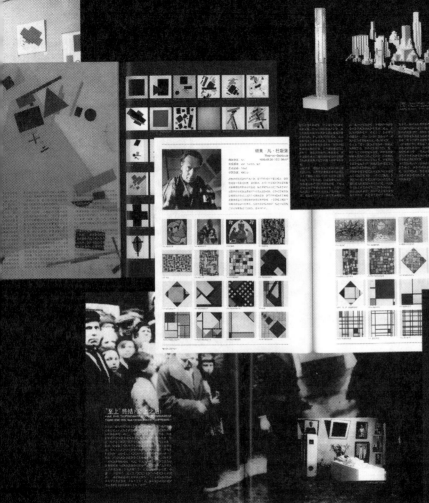

至上主义的理想与风格派的实践
THE IDEAL OF SUPREMATISM AND THE PRACTICE OF DE STIJL

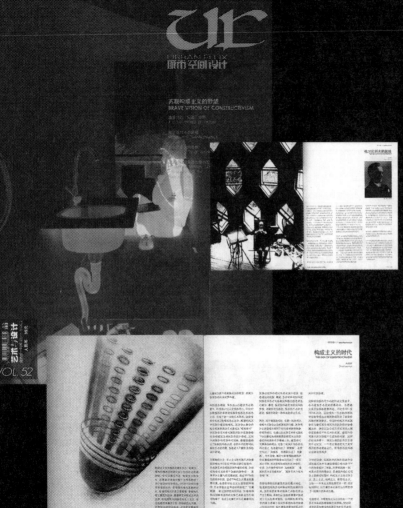

1917年发生在俄国的十月革命，在世界上产生了一个全新的苏维埃政权国家的同时，其国家整体更面临着如何在结束了一个旧制度的同时重新创建一个与新制度相应的新的文化与艺术的问题。早在十月革命爆发之前的1910年，当时的俄国已经出现了"未来主义运动"。1915年的"无对象绘画展"更标志着现代艺术运动在俄国的开始。1913年马列维奇的"白色上面的黑色正方"与1914年塔特林的"角落的装置"，展示了当时俄国"前卫艺术"的实力。

1917年12月26日冬宫被占领，布尔什维克革命获得成功。众多的"前卫"艺术家参加到新的革命政府中，从而也使得"前卫"艺术家真正地走上了"艺术伴随革命而变革""艺术革命促使社会革命"的历史舞台，也使得社会革命与艺术革命真正地一体化。诗人马雅可夫斯基曾经这样写道：对我来说不存在接受和不接受的问题，因为这是我的革命。

在这场壮大的社会与艺术实践中，短短十几年的时间里，"前卫"艺术家们在绘画、雕塑、建筑、戏剧、广告、文学、诗歌、设计、电影、艺术教育等一系列领域中展示了他们拥抱革命、满怀梦想以及创立新的艺术世界的野望。苏联构成主义创始人塔特林所提倡的"物质和空间相统一"，至上主义创始人马列维奇的"从零出发"，以理论和作品与当时传统的学院派和正统艺术相对抗。

1928年苏联为摆脱落后的农业国家的面貌，制订了第一个五年计划。发展经济与改善生活是当时的主题。住宅成为"社会的凝聚器"，大批艺术家和建筑师参与到生产与生活的建设之中。艺术家之梦与国家之梦相重合，让艺术走

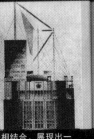

舒霍夫与无线电发射塔

进生活,构成主义与大规模生产相结合,展现出一个充满想象和冲击力的社会图景。

这本以"苏联构成主义的野望"为主题的专辑,不仅是向大家献上的迎接即将到来的 2017 年的新年礼物,更希望它能为新的历史与新的时代带来冲击。

前，世界经济整体步入衰弱和低迷。与此同时，保守主义势力迅速抬头，曾经的"经济全球化、世界一体化"的浪潮遭遇了前所未有的困境。英国脱欧，悲观情绪蔓延，排外，退缩，极端民族主义在世界各地迅速增长，进而造成了当今世界文化总体格局上的"反现代主义"和"传统势力不断飙升"的状况。

未来世界的文化走向该如何甄别？20世纪初期的那些前卫（Avant-garde）的现代主义产生当初各种艺术现象该如何去认识？

行了整体梳理，对他们的建筑、设计及艺术的创作和各种实践进行了展示，构成了"20世纪前卫者群像"并以《20世纪前卫者们勇敢的挑战》专辑为题加以呈现，如果诸位能将其还原到当时一切所产生的那个时代，同时与当今时代相对照，势必能更深刻地理解所谓"前卫"的价值。

中国是21世纪全球化的倡导者，也是21世纪世界经济发展的引擎。中国可以，应该也必须成为文化全球化的典范。全球化需要文化的引领，需要有全球意识，更需要"前卫"的姿态与精神。

作为基本的思考来进行的一种实践。

前卫是一种探索，前卫是一种不循规蹈矩的前行，前卫更是一种牺牲。

记得儿时，每年的四月五日清明节，我们都会在祭扫时背诵这样的一段话："成千上万的先烈，为着人民的利益，在我们的前头英勇地牺牲了，让我们高举起他们的旗帜，踏着他们的血迹前进吧！"

21世纪召唤着中国前卫者的冲击与前行。

向前！向前！向前！

前进！前进！前进进！
March on! March on! Now, March on!

就在中国著名的"五四运动"爆发前一个月的1919年的4月,一个以格罗皮乌斯为校长的、被称为国立美术工艺学校的包豪斯,在德国魏玛成立了。然而包豪斯本身的先进性,在当时却常常遭到民族主义和保守势力的攻击。1924年秋,在当时包豪斯所在地政府中的保守派的强大压力下,包豪斯的财政遭到大幅削减。因此,随后的包豪斯不得不转移到德国中部德绍。1933年,上台不久的纳粹政府对其采取了关闭措施,包豪斯也由此而成为德国纳粹政权的殉葬品。

从19世纪到20世纪20年代前后,是现代思想发展的重要时期,也是艺术以感性的形象为支撑点向技术转换的一个重要时节,而包豪斯在这个过程中事实上起到了将强调手工艺作坊的时代向工业设计与生产时代转换的变压器的作用。

创立之初,包豪斯明确地将建筑、雕塑和绘画三

乌斯在 1919 年包豪斯成立的宣言中，曾经这样写道：我们将会携手将建筑和绘画等所有的东西凝聚在一起，并以此作为一种未来的方向去构想未来的建筑，未来社会中的建筑将是一个拥有巨大包容性的综合体。

作为时代转折点而存在的 20 世纪后的 2017 年，与 100 年前从手工艺作坊向工业设计与生产时代转换的时代特征有诸多似曾相识之处。我们所面临的全球一体化与地域性之间的矛盾，未来与传统的博弈，伴随网络与信息化的普及以及人工智能所发起的挑战与当代文化的迷蒙所产生的对于未来的惶恐，在面临如此重大转机的当下，曾经的包豪斯的那种试图通过对与社会和人的生活密切相关的艺术观念与设计内部的构造改革来为社会提供一种解决问题方法的姿态仍有教示意义。

最终被强制解散的包豪斯尽管其生存的时间短暂，过程中还曾不断地遭遇多次搬家和多次更换校长的经历并且最终还是被纳粹解散，但其作为现代主义运动中的一个重要的里程碑，如同绽放于夜空中的焰火，而最终成为 20 纪之后现代设计与现代艺术教育的一个道标。

我们对于包豪斯所进行的一系列梳理和研究，并不意味着单纯去模仿其所留下的那些物质形态。包豪斯那种勇于与当时的主流保持距离的姿态，那种勇于去发现、去接纳、去包容那些不被时代所理解的先锋与前卫者的广博胸怀才是留给未来的巨大财富。

SURVEY
INVESTIGATE

调研

"未来城南"调查
社会住宅研究
黔东南侗寨禾仓调查
青岛里院调查
窑洞调查
大栅栏院落空间调查
中国园林调查
骑楼空间调查
建筑与书法空间研究
建筑与音乐空间研究

未来城南
调查

ADA-BIAD STUDIO
"未来城南"
都市社会调查

学员招募

设计导师
朱小地
BIAD 艺术中心主持建筑师

主办单位
ADA BIAD

中国传统建筑当代性研究

兼谈

前门东区保护计划的初步方案

主讲人：朱小地

（BIAD 艺术中心主持建筑师）

时间：2014.12.19 / 15:30-17:30
地点：ADA 中心 5 号车间
主办单位：ADA+BIAD 艺术中心

ADA+BIAD

北京建筑大学建筑设计艺术研究中心
ADA 研究中心住宅研究所

社会住宅研究 STUDIO
Social Housing Research

马岩松 / 指导人
ADA 研究中心住宅研究所 主持人
MAD 建筑事务所创始人，合伙人

黔东南侗寨禾仓调查

青岛里院调查

窑洞调查

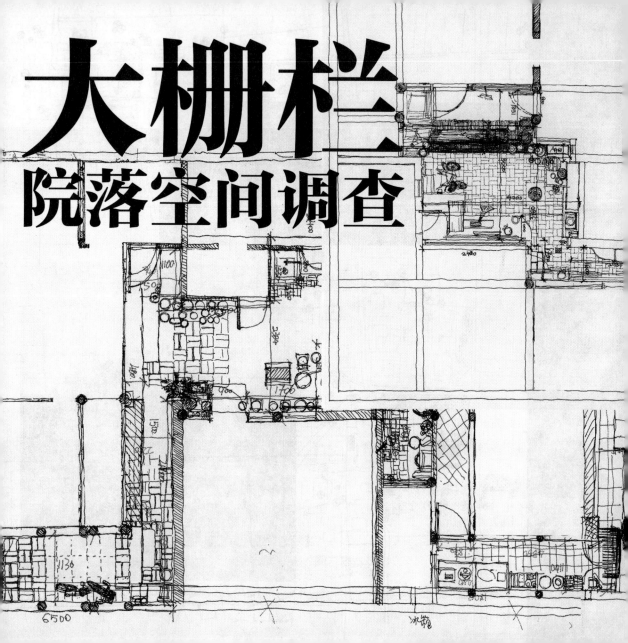

大栅栏
院落空间调查

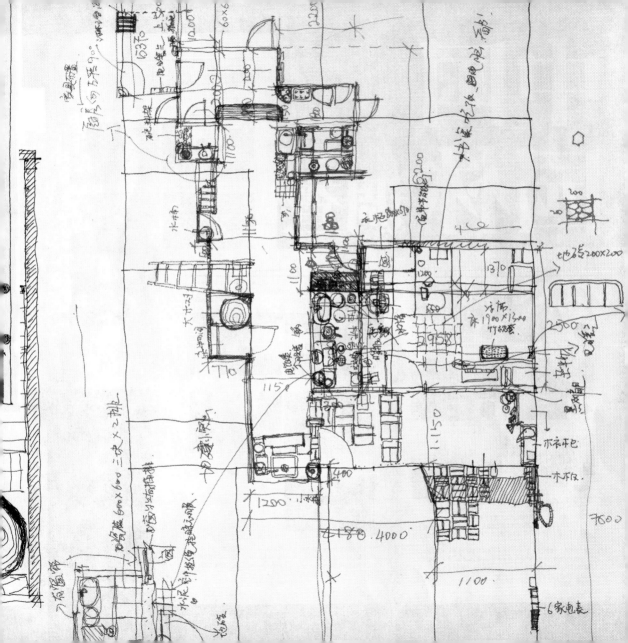

中国园林调查

平板桥大都是利用砌石等材料，由桥桩、桥梁、桥面等部分组合而成，笔者将平板桥按照其桥主体桥面与桥下水面的关系分为贴近水面的桥和不贴近水面的桥。贴近水面的桥是临敷其桥梁及桥面与下的水面紧贴，增加了桥空间的"亲水性"，同样增加了游园者的游玩乐趣，例如图4-2-73所示福州林则徐祠鉴之中桥，且其桥身较小，未设置有适合尽管尺度游园者依靠的栏杆。另外一种则不贴近水面的桥其桥板则远离水面，栏比有一种桥则给游园者更为实全的感觉，例如图4-2-74江苏昔越园的一处桥，而且其为木质桥梁，两侧设置有一定高度的栏杆扶手。

图4-2-69 小莲庄中的桥（图片来源：笔者自摄） 图4-2-70 五峰园中的桥（图片来源：笔者自摄）

福州林则徐故居之内的亭子（图4-2-33）；有3个亭子3侧立面未完全敞开，例如杭州郭庄内的亭子（图4-2-34）；四个边及六个边围有围墙的亭子各1个，例如苏州拙政园内的两处亭子（图4-2-35）；只有拙政园中有一个亭子亭子是封闭形式的亭子，类似于普通建筑（图4-2-36）。

图4-2-32 曲园中的亭子 图4-2-33 林则徐故居中的亭子
（图片来源：笔者自摄）

图4-2-72 昔越园中的桥（图片来源：笔者自绘）

图4-2-34 郭庄中的亭子 图4-2-35 拙政园中的亭子
（图片来源：笔者自摄）

图4-2-74 昔越园中的桥（图片来源：笔者自绘）

如攀迭水源园之中的桥（图4-2-75），
两部分各有不同，其挑式桥身部分设

图4-2-36 拙政园中的亭子
（图片来源：笔者自摄）

考察的园林当中，多数亭子的顶部都是黑色的，而有部分亭子的顶部是其他颜色，例如系虎可园之中有三个亭子的顶部是绿色的琉璃瓦、清晖园之中的亭子顶部都是黄色的，惠州西湖和福建的林则徐故居之中有灰色顶的亭子建筑。浙江的兰亭及篮花庄之

图4-2-26 北半亭中的亭子 图4-2-27 网师园池沼宫园中的亭子
（图片来源：笔者自摄）

图4-2-28 个园中的亭子 图4-2-29 古漪园中的亭子
（图片来源：笔者自摄）

图4-2-30 拿涓水房中的亭子 图4-2-31 贵州西湖中的亭子
（图片来源：笔者自摄）

在笔者所调研的传统园林当中四边形平面的亭子建筑89个，六边形平面的亭子建筑有76个，扇形平面形式。八边形平面的亭子建筑6个，五边形平面、三边形平面、多边形平面形式的亭子建筑各5个，圆形平面的亭子建筑4个，半圆形平面的亭子建筑2个。

所有考察到的亭子建筑当中，有143个园林亭子建筑的立面只有挂下围没有立面实体围墙，对亭子以外的空间完全敞开；有43个亭子中有一侧悬挂增建或一边建有一堵实体围墙，例如苏州曲园中的亭子（图4-2-32），有6个亭子有两面未完全敞开。例如

图4-2-41 长方形的洞门（图片来源：笔者自摄） 图4-2-42 圆拱形的洞门（图片来源：笔者自摄） 图4-2-43 瓶的洞门（图片来源：笔者自摄）

图4-2-45 葫芦形的洞门（图片来源：笔者自摄） 图4-2-46 月类形的洞门（图片来源：笔者自摄）

同时，笔者对所调研的各类园林洞门的数量进行了统计，计算出不同类型的洞门的数量。将计算结果通过柱状图的形式进行表示（图4-2-47），也就是对各类园林洞门的数量进行横向比较。

骑楼空间调查

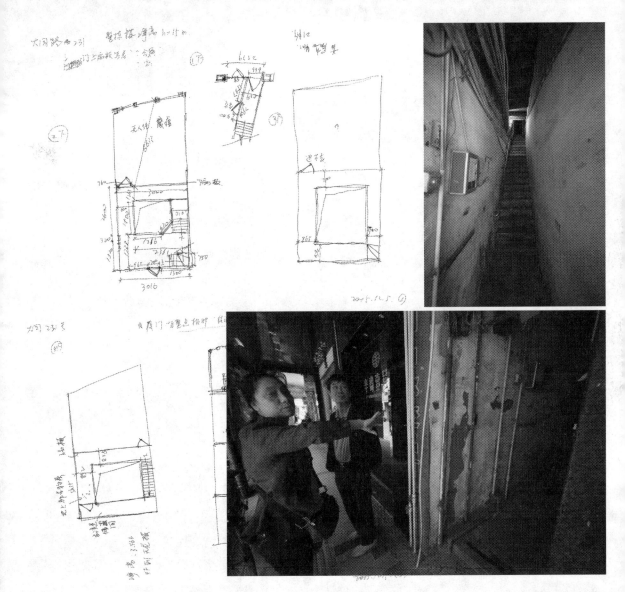

建筑与书法空间研究

建筑与音乐空间研究

论文
DISSERTATION

中国传统园林的分布与基本构成要素的基础性研究
北京大栅栏地区院落空间现状的特征及构成要素分析
厦门近代骑楼建筑立面特征及构成要素分析
北京青年人口面临的居住问题及建筑设计解决策略研究
荷兰建筑基础性案例的梳理与分析
20世纪现代建筑起源与流变过程中的基础性案例梳理与建档研究
西方古代建筑史所列举的基础案例的梳理统计与分析
"中国建筑史"所列举的基础案例的梳理统计与分析
都市实践建筑作品含义的图像学方式解读研究

中国传统园林的分布与基本构成要素的基础性研究

45	壶园	105	林园	165	莲花庄	225	鸣鹤园	285	下九湾石屋
46	卢氏庄园	106	磊园	166	小莲庄	226	朗润园	286	林园
47	蔚圃	107	西园	167	颖园	227	蔚秀园		
48	刘庄	108	西塘	168	嘉业堂藏书楼	228	承泽园		
49	刘氏庭园	109	梁园	169	天一阁	229	吴家花		
50	八咏园	110	祖庙	170	醉园	230	达园		
51	珍园	111	太和巷二三	171	西园	231	大觉寺		
52	辛园遗址	112	方耀字园	172	豫园	232	潭柘寺		
53	华氏园								
54	冬荣园								
55	瘦西湖								
56	大明寺及园								
57	寄啸山庄								
58	小盘谷								

国传统园林的历史脉络进行了学术收集,并获取到其中235处园林的重要历史脉络。笔者将这些园林始建年代进行记录,由于篇幅所限,可见附录中各园林的资料篇。

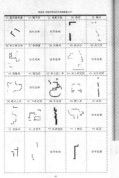

《中国传统园林的分布与基本构成要素的基础性研究》是 ADA 研究中心 2013 级硕士研究生贾昊的学位论文。

中国传统园林作为"人造自然"的典型代表及重要的人类物质文化遗产，是古人崇尚自然、向往自然的一种表现形式。当今学术界对于传统园林的相关研究一直未曾停下脚步，特别是对中国传统园林在空间构造之中蕴含着的建筑规律性的探索，是本论的最初的研究目的与出发点。本论文是笔者试图通过资料收集及实地调研相结合，在分析过往相关研究成果的基础之上对中国传统园林的分布及园林基本构成要素进行一次较为全面的基础性研究。首先，本论文在分析过往的学术成果之中获取中国传统园林的相关信息，通过实地调研对中国传统园林的现场资料进行收集，利用收集到的资料对中国传统园林平面图进行再绘制，配合所得资料对中国传统园林的位置分布、历史脉络进行一次整体性的分析。

其次，结合笔者所绘制的传统园林平面图，对中国传统园林平面构成要素当中的最外围墙、园林建筑、园林水面、园林连廊、园林桥的平面进行建筑学式的分析，并呈现出不同地区及不同始建年代的中国传统园林在平面构成要素上表现出的共性与特性。最后，结合现场调研所获取到的资料，对中国传统园林当中的连廊、亭子、洞门、漏窗、桥、隔墙、船舫、铺地这些具有独特性的建筑要素进行构造与样式的分析，分析出不同地区不同时期所建中国传统园林在建筑构造之上的共性与特性。最后，通过一系列的梳理与分析，试图总结出中国传统园林不同地区、不同时期始建的传统园林的基本构成要素的特征，这也是本论文的一个主要宗旨。

大栅栏地区作为北京旧城的典型片区,除了著名的大栅栏商业街、东琉璃厂街,还有密密麻麻的胡同以及数量最多的大小"杂院"。大多数杂院在最初原本是四合院,历史变迁,大部分或者拆除或者衰败成了现在的"杂院"。当下,关于"杂院"这种居住形式的研究并不全面。但是在北京以大栅栏地区为代表的旧城区域,由于其存在的普遍性和居住形式的特殊性一直被社会和学界所关注。杂院内部的空间面貌究竟如何?居民的居住现状具体怎么样?杂院在未来的改造又该怎样进行?翻阅以往文献,关于这些疑问并没有系统的研究和解答。本论文从建筑学角度,调查分析北京大栅栏地区杂院空间现状的特征和构成要素。希望为讨论该地区未来改造发展提供参照,同时记录当下大栅栏居民生活空间现状,期望未来有其他研究价值。

《北京大栅栏地区院落空间现状的特征及构成要素分析》是 ADA 研究中心 2014 级硕士研究生楚东旭的学位论文。

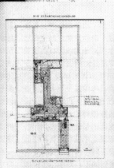

北京大栅栏地区院落空间现状的特征及构成要素分析

厦门近代骑楼建筑立面特征及构成要素分析

厦门近代骑楼建筑是厦门地区具有重要地域性特色的建筑形式。如今厦门老旧城区正在经历着改造与更新的重要阶段，对于骑楼建筑的保护更是迫在眉睫。为了更好地对厦门骑楼建筑尤其是建筑立面的保护提供依据，就需要对骑楼立面的现状特征进行全面的分析研究，然而目前关于厦门近代骑楼建筑的基础性资料以及相关研究成果有限，尤其是对于骑楼立面的全部资料信息和研究尚不全面。鉴于此原因，笔者收集并处理了厦门近代骑楼建筑立面的完整性图像资料和立面图纸，并在获取资料的基础之上，对厦门近代骑楼建筑立面的特征及构成要素进行分析，最终构成了本论文的全部内容。

《厦门近代骑楼建筑立面特征及构成要素分析》是 ADA 研究中心 2014 级硕士研究生姚博建的学位论文。

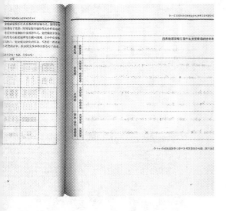

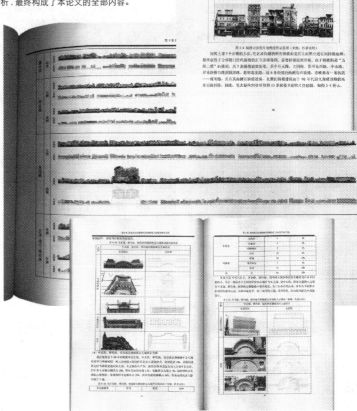

469

我国城市化进程不断推进，城市建设正在大规模的进行。在这种发展背景下，作为首都的北京市承载的城市功能也不断增多。作为全国政治、经济以及文化中心，北京自身产生了十分巨大的吸引力，吸引着海内外的人来到北京寻求更好的发展。其中，很多青年人把北京当成自己理想的栖息之地，希望留在北京。而这种人口向城市聚集的现象也带来了极大的城市居住问题。尤其是对于青年人来说，更是难以承受这种住房压力。青年是促进我国社会经济发展的重要力量。对北京市青年住房问题的研究，解决青年群体的住房问题，有利于促进北京社会经济发展。本文的研究从北京青年居住需求入手，能够进一步丰富我国青年住房规划和设计的相关理论，为今后青年住房的规划和设计提供了一种新的理论视角。本文先通过研究国内较发达、发展较快城市的城市人口曲线，得出发展越快的地区青年人口占城市人口比重越大，所以可知青年人口向城市聚集对我们社会经济的发展起到了推动作用。但是，青年人的住房问题一直是一个亟需解决的社会问题。近年来，"蜗居"以及"蚁居"背后反映了青年人在大城市中面临着十分严峻的住房问题。笔者在文章中重点对北京青年居住行为模式以及北京青年人的居住问题进行详细的分析和研究，从思维方式以及生活方式等方面提出适合现代年轻人的居住新模式。通过对北京青年居住需求的研究，更好的解决青年人住房困难的问题。基于对青年人居住需求的分析，总结出了适合青年人的居住策略，即嵌入式空间居住策略、交错式空间居住策略、共享式空间居住策略。

《北京青年人口面临的居住问题及建筑设计解决策略研究》是 ADA 研究中心 2014 级硕士研究生关剑的学位论文。

北京青年人口面临的居住问题及建筑设计解决策略研究

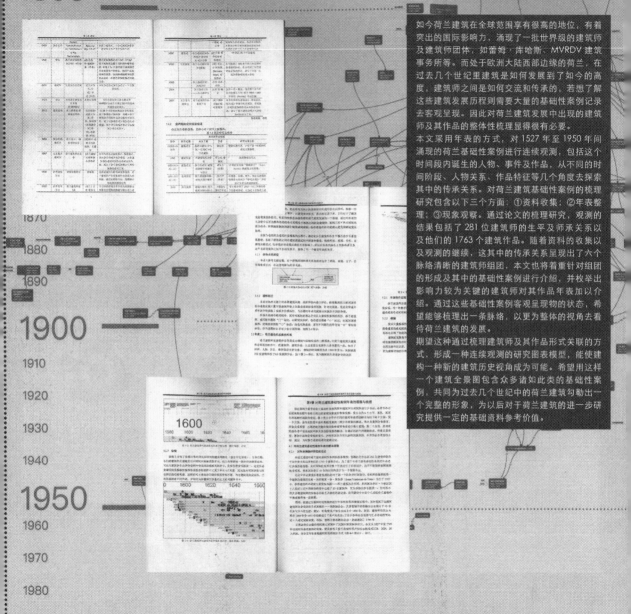

如今荷兰建筑在全球范围享有很高的地位,有着突出的国际影响力,涌现了一批世界级的建筑师及建筑师团体,如雷姆·库哈斯、MVRDV建筑事务所等。而处于欧洲大陆西部边缘的荷兰,在过去几个世纪里建筑是如何发展到了如今的高度,建筑师之间是如何交流和传承的,若想了解这些建筑发展历程则需要大量的基础性案例记录去客观呈现。因此对荷兰建筑发展中出现的建筑师及其作品的整体性梳理显得很有必要。

本文采用年表的方式,对1527年至1950年间涌现的荷兰基础性案例进行连续观测,包括这个时间段内诞生的人物、事件及作品,从不同的时间阶段、人物关系、作品特征等几个角度去探索其中的传承关系。对荷兰建筑基础性案例的梳理研究包含以下三个方面:①资料收集;②年表整理;③现象观察。通过论文的梳理研究,观测的结果包括了281位建筑师的生平及师承关系以及他们的1763个建筑作品。随着资料的收集以及观测的继续,这其中的传承关系呈现出了六个脉络清晰的建筑师组团,本文也将着重针对组团的形成及其中的基础性案例进行介绍,并枚举出影响力较为关键的建筑师对其作品年表加以介绍。通过这些基础性案例客观呈现物的状态,希望能够梳理出一条脉络,以更为整体的视角去看待荷兰建筑的发展。

期望通过这种通过梳理建筑师及其作品形式关联的方式,形成一种连续观测的研究图表模型,能使建构一种新的建筑历史视角成为可能。希望用这样一个建筑全景图包含众多诸如此类的基础性案例,共同为过去几个世纪中的荷兰建筑勾勒出一个完整的形象,为以后对于荷兰建筑的进一步研究提供一定的基础资料参考价值。

《荷兰建筑基础性案例的梳理研究》是 ADA 研究中心 2015 级硕士研究生王璐的学位论文。

荷兰建筑基础性案例的梳理研究

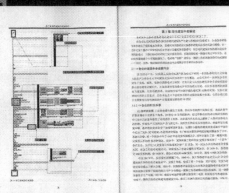

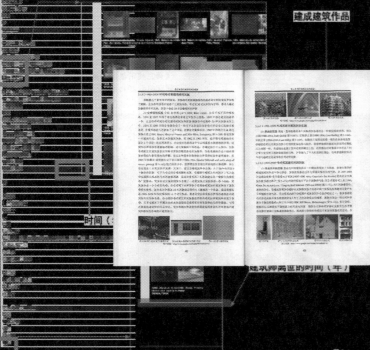

图 3-5

本论文是以 20 世纪现代建筑作为主要对象的基础性案例梳理和研究，考察的对象主要是 1900—1999 年间的建筑师及其实践，19 世纪的建筑师及其实践作为研究主体的背景因素，也对其做了相应的梳理和研究工作。

本论文的工作方式是：首先对经典的建筑史书籍后的建筑师名录进行收集，并按照建筑师的名录搜集其相关活动，包括生平简介、建筑作品以及理论发表。在此基础上，以国家为单位在有限的时间内尽可能全面地搜集对应本论文研究时间段内的建筑师名录，并对这份名录进行筛选，目的是试图发现经典著作中疏漏的但又十分有价值的建筑师，之后再对筛选后的名录中的建筑师进行相关活动的搜集。资料搜集工作大致完成后，以时间为坐标轴，将收集到的资料在时间坐标中标出，制成年表。之后按照十年为单位（19 世纪以及 1970—1999 年除外）逐次对年表中的建筑师及其建筑活动进行梳理与分析，在时间的层级之下，按照国家为单位进行归纳和分析（19 世纪以及 1970—1999 年间按照不同倾向进行归纳和分析）。

通过这种方式的梳理和分析之后，初步确定了现代主义的起源、扩散以及发生转变的成因、主要推动者、过程（包括重要的时间节点和发展脉络）以及整个过程中观念与形式的变化。

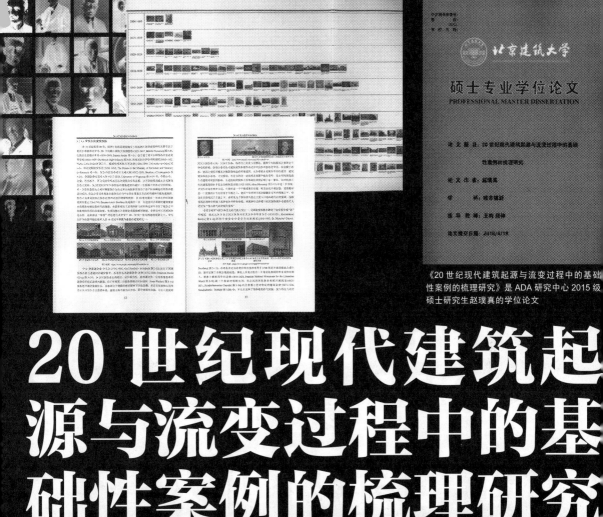

《20世纪现代建筑起源与流变过程中的基础性案例的梳理研究》是ADA研究中心2015级硕士研究生赵璞真的学位论文

20世纪现代建筑起源与流变过程中的基础性案例的梳理研究

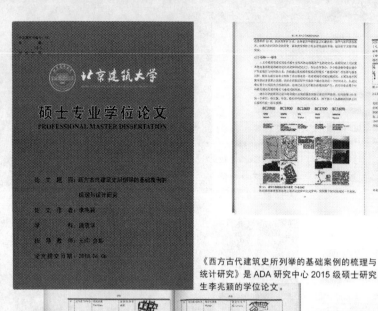

西方古代建筑史所列举的基础案例的梳理与统计研究

《西方古代建筑史所列举的基础案例的梳理与统计研究》是ADA研究中心2015级硕士研究生李兆颖的学位论文。

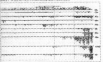

本文旨在统计西方古代建筑史上的基础建筑案例，对整体有一个大致的梳理分析，并对社会背景是如何引起建筑形式、功能转变的做出探讨，结合与建筑发展流变相关的城市、建筑师、艺术线索综合进行数据分析与总结，查看在统计过程中建筑历史上存有疑问的地方。希望对以后建筑历史的宏观研究方面有参考价值。本文以20世纪20年代以前的西方古代建筑为研究对象，结合历史大事件、城市、建筑师以及艺术作品四类要素。通过列年表法进行一个数据上的统计研究，寻找在建筑历史上中的普遍性规律和特殊性，最终得到论文结论。本文主要从四部分来论述。第一章为绪论，阐述论文选题的背景、目的及意义，分析国内外相关研究的现状，建立文章的研究框架，明确论文整体的研究方法。第二部分为年表的制作与年表展示，第三部分通过纵向分析时间轴，对各类要素进行分别解读。第四部分通过横剖对时间轴的几个时间段进行综合解读。在结语中对上述解读进行总结并给出论文过程中出现的各类问题。

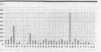

《"中国建筑史"所列举的基础案例的梳理与统计研究》是 ADA 研究中心 2015 级硕士研究生张发明的学位论文。

"中国建筑史"
所列举的基础案例
的梳理与统计研究

于古代建筑实例的调查和测绘成果结合文献资料搜集和整理研究,在梁刘的带领下,中国建筑史的发展脉络越来越清晰地展现在人们面前。

梁思成先生在他中国古建筑调查报告首篇中就开门见山地提出作为近代学者研究学问的第一要务即为"证据"的搜集,以古代建筑"实物"为"后盾",中国古代建筑理论的研究才能不断取得新的突破。从中可以充分看出,客观的古代建筑遗存调查史料是支撑中国建筑史研究不断取得丰硕成果并受国外建筑史学者所瞩目的重要原因。

笔者通过对近些年来中国建筑史相关方面研究先生构筑中国建筑史过程的发掘及文献的考查之上,或基于最新的调查报告、考古发掘成果专注于单一案例的延伸论述上,而很少是在对中国古代建筑遗存进行时间维度上和某一时期空间维度上整体视角下进行研究的成果。随着近年来中国古代建筑史研究学者队伍的不断壮大和研究的不断深入,新的古代建筑和考古成果遗存不断被发掘涌现,以此为基础,对中国古代建筑遗存的系统的梳理与统计研究,笔者认为这样一次整体性观测,既是对前辈学者的学术成果的致敬,也能够在启示后辈学者从整体上理解把握中国建筑遗存有所帮助。

《以图像学方法解读都市实践建筑作品的含义》是 ADA 研究中心 2015 级硕士研究生翟玉琨的学位论文。

以图像学方法解读都市实践建筑作品的含义

SPACE
RECONSTRUCTION

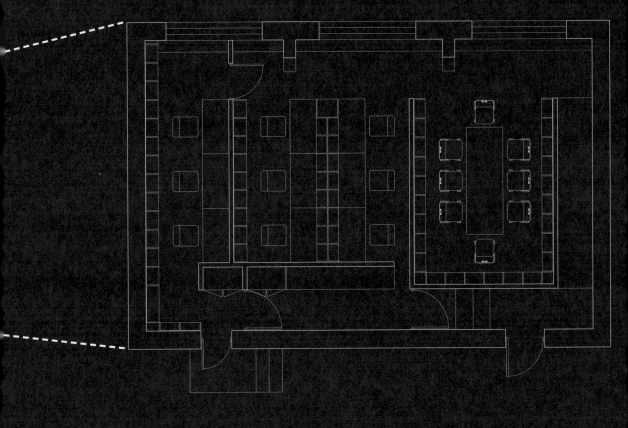

研究室改造

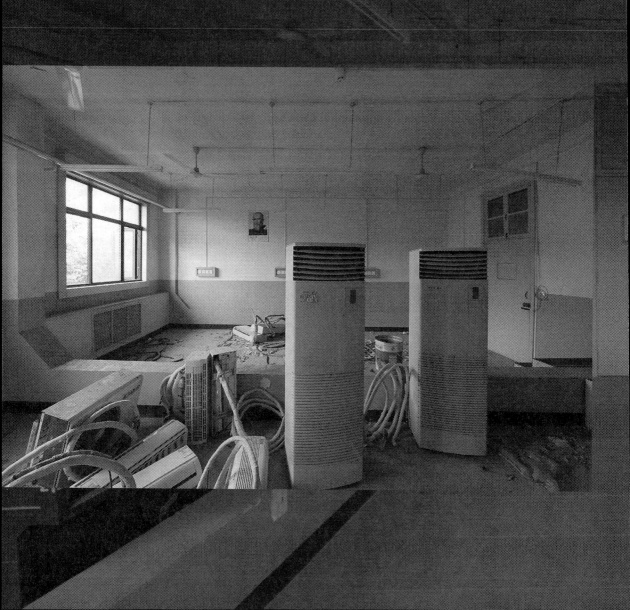

研究室改造位于北京西城区北京建筑大学科研楼的四层。这栋建筑建于 20 世纪 50 年代，采用传统的设计语言。改造项目面积 65.5 ㎡，设计时间为 2013 年 8 月，项目设计由王昀主持，张捍平辅助设计。

在这个改造项目中，以功能作为形式的直接表达。在一个既存的中国传统建筑中，植入一个可以展开现代建筑研究工作的空间。

由于该空间原作为实验室使用，为了相关的力学需求结构设置了两道地梁，从而使室内空间被分为三段。为了应对标高的变化，改造时采用架空地板的方式将地面高度统一。在 65.5 ㎡ 的空间内设置有咖啡角、会议讨论区、工作区、主持人研讨空间四个部分。空间上引入聚落式的"回路"空间结构将各功能区加以联系，同时为了解决抬高后的室内地面与公共走廊间标高差的问题，入口处左侧设置了梯段，右侧是一个坡道，形成具有丰富感受变化的街道空间。改造中架空地面同时带来的另一个问题就是窗台无法满足防护高度的要求。设计中利用一个水平线状的隔板解决防护问题的同时，提供了可配合吧凳的工作台供人员较多时使用。房间四周采用书柜作为背景和隔断。暖气是原有管道，进行简单的涂抹后形成一种自由的状态。

由于空间较小，采用明亮、简单的白色涂料。房间对着公共走廊的原有立面是绿色墙围子，墙面上有许多杂乱的配电箱和消火栓。立面处理中采用"圆""三角""正方形"三个几何体所构成的巨大壁画，提出了现代建筑研究所主张的同时，将杂乱、琐碎、有着不同装饰的小物件统一到一个整体的几何图案系统中。

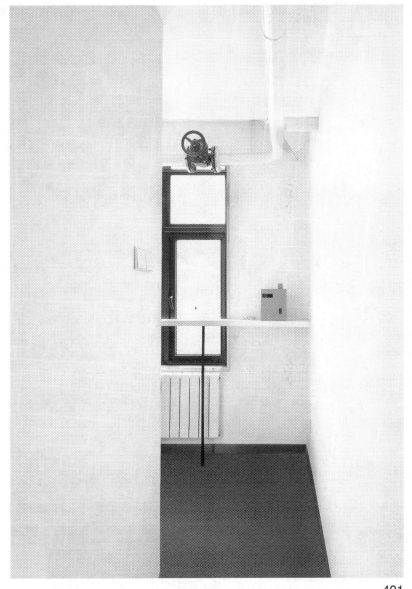

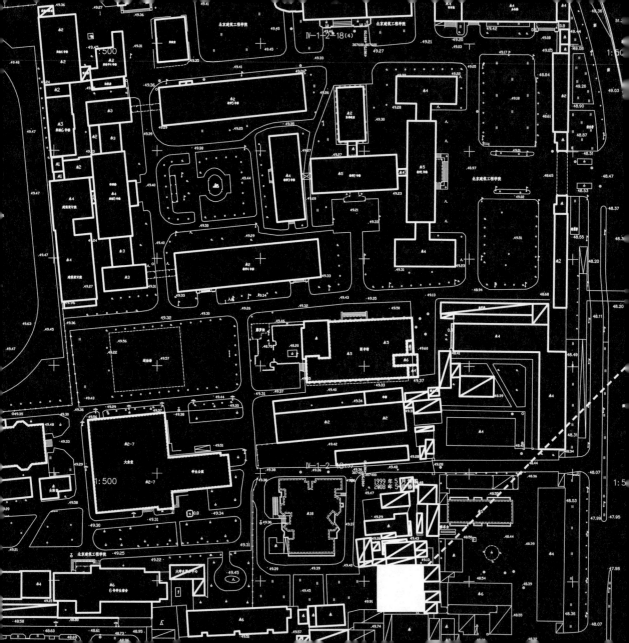

车间 + 画廊

ADA

改造前,建筑是一个废旧的锅炉房,在经费有所限制的情况下,我们努力使其拥有教学研究机构应形成的空间状态。改造过程从 2014 年 4 月开始,共经历了 6 个月的时间。

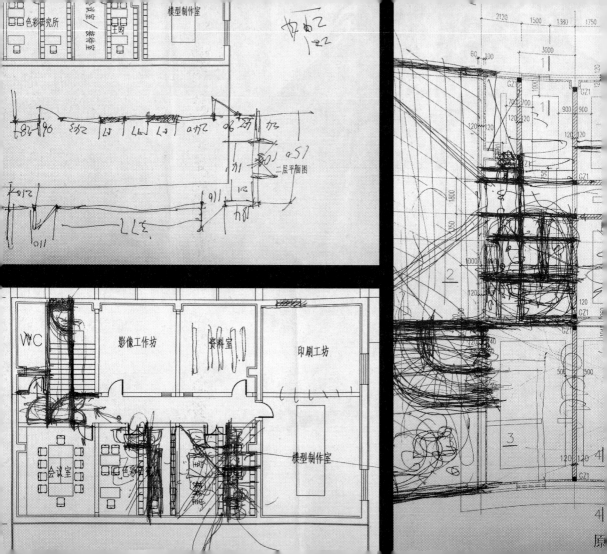

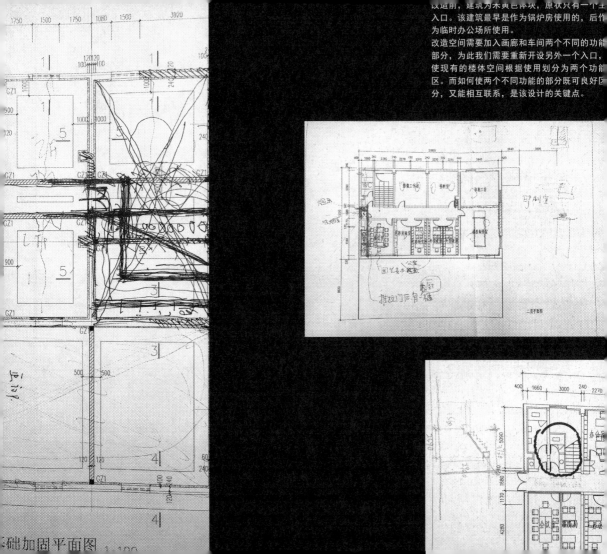

改造前,建筑为不规则体块,原状只有一个主入口。该建筑最早是作为锅炉房使用的,后作为临时办公场所使用。

改造空间需要加入画廊和车间两个不同的功能部分,为此我们需要重新开设另外一个入口,使现有的楼体空间根据使用划分为两个功能区。而如何使两个不同功能的部分既可良好区分,又能相互联系,是该设计的关键点。

王昀：ADA画廊的改造项目所面临的是时间短、经费有限的情况。暑假仅有不到两个月的施工工期，加之2014年9月26日举办开幕展的时间节点，可以说整个改造进程非常紧张。与此同时，我们还在改造过程中发现了一些隐藏在吊顶和墙面后的隐患，其中包括屋顶上没有喷防火砂浆及结构老化等问题。在学校的支持下，我们对建筑进行了结构加固等一系列改造建设。

在考虑吊顶时，由于经费紧张，就直接将原有结构和管道暴露出来，突出顶面上各种管道和灯具的效果；在确定画廊尺度时也经过了严格的推敲；立面处理是偶然得之，设计时发现logo本身就是很好的标识，在立面现状复杂的情况下应用巨大的文字使琐碎获得统一；西侧的广场在靠南墙的部分原本长满了杂草，且原状墙体显得异常高，为了调节空间尺度的感受，我们在南墙前做了楼梯状的处理，使得广场形成了类似舞台的空间效果，希望可以汇聚更多的人进行多样活动。

张捍平：改造中我主要经历了前期的方案设计阶段以及部分的施工现场工作。画廊从创建构想到具体实施，虽然几经波折，但一直保持着一种小而精的状态，画廊的各个空间在满足功能的使用需求基础上，始终保持着一种有节制的尺度。在实际改造中，由于建筑原本是一个经过改造的锅炉房，室内的空调以及强弱电线路并不能满足重新划分的空间使用需要，同时画廊周边居民的私搭乱建以及有限的改造经费也极大地限制了可操作的空间，但在这些问题的解决过程中也让我们更了解了画廊和车间的基础设施条件，在改造过程中激发出了更多的想法。

李静瑜：画廊由门厅和展厅两部分组成，空间构成形态决定了它被使用的机制。推开入口转门进入画廊门厅，空间被限定在一个"小而高"的范围内，穿过门厅推开滑动门，继而进入一个相对"大而低"的画廊展厅空间。这种空间感受的骤变对于观展者本身形成了一种延伸式的刺激，使其希望探索展厅空间的深处。
画廊以"方盒子"为内腔的展厅为布展的方式提供了更多可能性；而白色的墙体使展厅保持一种未被限定的"空"的状态，可以适应不同氛围类型的展览。

赵冠男：改造中首要问题就是在一个不大的建筑中区分出"画廊"和"车间"两个功能。为了让画廊可以拥有单独的入口且能看到室外绿色的风景，我们将卫生间功能移走，在西立面上打开画廊入口，同时由于二楼希望打开一个读书会空间也需要占用一个卫生间的位置，这样就需要在一层原门厅处重新布置一个满足整个建筑需要的卫生间。在有限的尺度内，卫生间的平面推敲是毫米级的，甚至要将原状厚墙上门洞所形成的空间考虑进厕位中。最终在原有的门厅中布置卫生间的同时还预留了一条连接画廊与车间的通道。这个局部是整个改造过程的一个典型缩影，其间的方法和体会在画廊净高推敲、家具布局、展具设计等问题上不断重复着。在这个极小的尺度里我经历了最真实的设计过程。

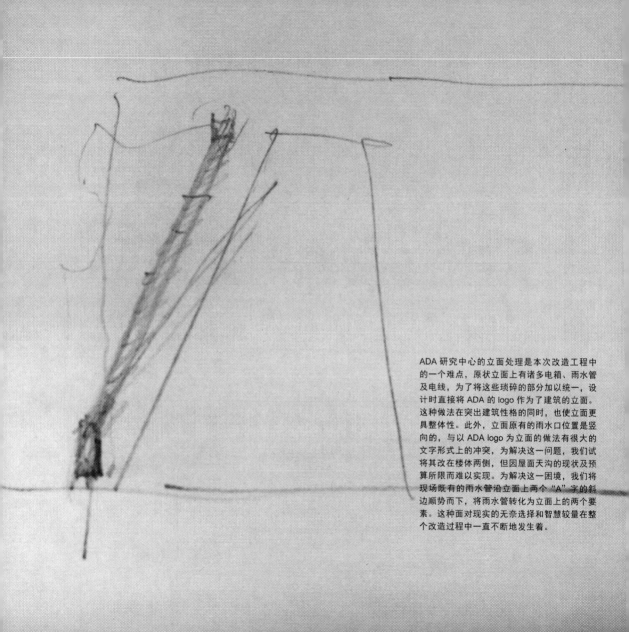

ADA 研究中心的立面处理是本次改造工程中的一个难点，原状立面上有诸多电箱、雨水管及电线，为了将这些琐碎的部分加以统一，设计时直接将 ADA 的 logo 作为了建筑的立面。这种做法在突出建筑性格的同时，也使立面更具整体性。此外，立面原有的雨水口位置是竖向的，与以 ADA logo 为立面的做法有很大的文字形式上的冲突，为解决这一问题，我们试将其改在楼体两侧，但因屋面天沟的现状及预算所限而难以实现。为解决这一困境，我们将现场既有的雨水管沿立面上两个"A"字的斜边顺势而下，将雨水管转化为立面上的两个要素。这种面对现实的无奈选择和智慧较量在整个改造过程中一直不断地发生着。

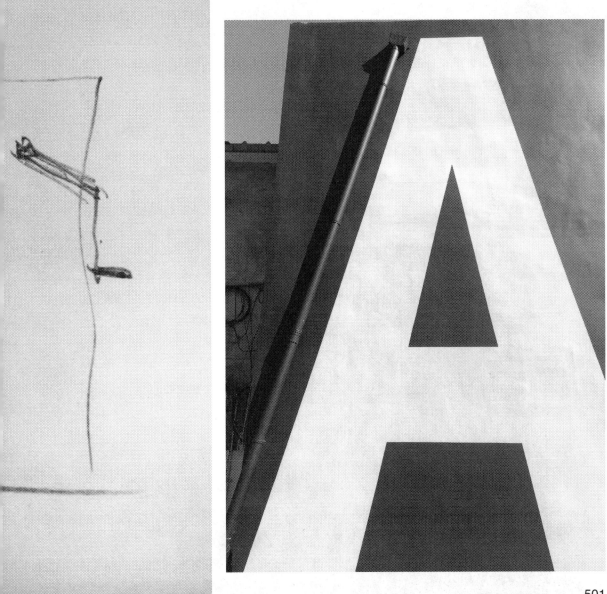

501

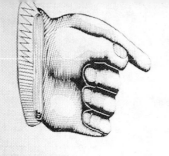

激浪派在中国
FLUXUS IN CHINA

北京建筑大学建筑设计艺术研究中心ADA画廊开幕展
Opening Exhibition of ADA Gallery of BUCEA

策展人：方振宁 / 哈利·司汤达 / 林汉婆
Curators : FANG Zhenning / Harry Stendhal / LIN Seroi

2014.9.26 - 10.20

主办 / 北京建筑大学建筑设计艺术研究中心
协办 / 激浪派基金会（纽约）/ FANGmedia

开放时间：展览期间周二至周五 10:00—18:00
闭馆时间：周一及法定节假日闭馆

INTERACTION

"[再]造城市空间体验"
中国·西班牙地产投资论坛
法国驻华大使馆建筑文化交流
日本神户大学研究生院建筑文化交流
宁波诺丁汉大学建筑文化交流

互动交流

"[再]造城市空间体验"

2014年12月09日"[再]造城市空间体验"学术研讨会开幕式在ADA研究中心隆重举行。由建筑设计艺术（ADA）研究中心、瑞典驻华大使馆以及中国香港艺术中心共同举办的"建筑、景观与城市设计对话：[再]造城市体验"学术研讨会，于2014年12月09日下午在ADA车间举行了隆重的开幕式，出席开幕式的有北京建筑大学朱光校长，瑞典驻中国大使罗睿德先生，ADA研究中心王昀主任，瑞典大使馆文化参赞马福力先生，以及专程从各地赶来的建筑师、艺术家和在京的多名学者。

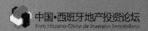

中国·西班牙地产投资论坛

Colaboran

Asociación de Amistad España-China

FUNDACIÓN CONSEJO ESPAÑA CHINA

中国人民对外友好协会
THE CHINESE PEOPLE'S ASSOCIATION FOR FRIENDSHIP WITH FOREIGN COUNTRIES

MARCA ESPAÑA

Cámara Madrid

Cámara Española de Comercio

法国驻华大使馆
建筑文化交流

La France en Chine
Ambassade de France à Pékin

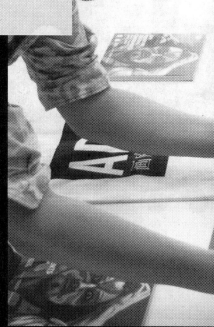

日本神户大学
研究生院建筑文化交流

宁波诺丁汉大学
建筑文化交流

CHRON

2013

2013.06.15	开始筹划建立北京建筑大学建筑设计艺术 (ADA) 研究中心
2013.06.25	向校领导汇报建筑设计艺术研究中心创立构想
2013.06.28	对北京建筑大学科研楼 4 层 402、407、408、412 四间办公室进行测绘
2013.07.23	向校领导汇报建筑设计艺术研究中心创立组织结构以及中心办公空间改造方案
2013.08.07	建筑设计艺术研究中心(科研楼 4 层)办公室装修改造开始
2013.08.15	黄元炤加入 ADA
2013.08.18	王昀在深圳有方空间进行"脚下的聚落与手上的聚落"讲座
2013.08.28	张捍平加入 ADA
2013.09.02	开始进行 2014 年学科建设—建筑设计艺术研究中心建设专项申报工作
2013.09.11	北京建筑大学建筑设计艺术 (ADA) 研究中心成立
2013.09.11	聘任王昀同志任建筑设计艺术研究中心主任
2013.09.12	王昀主持现代建筑研究所,黄元炤主持中国现代建筑历史研究所,张捍平主持世界聚落文化研究所,学生贾昊到 ADA 中心报到,学生赵璞真到 ADA 中心报到

2013.09.25	方振宁加入 ADA，主持策展与评论研究所
2013.09.26	王昀主编并出版《中国当代建筑师系列——王 昀》
2013.09.26	由方振宁策展的塞哥维亚中国宫／建筑中国 2013 展在西班牙塞戈维亚开幕，中心主任王昀作品参展
2013.09.27	黄元炤进行中国近现代建筑考察调研
2013.09.27	梁井宇加入 ADA，主持建筑与跨领域研究所
2013.10.02	梁井宇 & 原研哉设计对话，地点：北京 798 尤伦斯当代艺术中心报告厅（UCCA）
2013.10.03	王昀、梁井宇参加日本 HOUSE VISION 住宅研讨会
2013.10.04	王昀、梁井宇参加中国居住研究组，住宅研讨会
2013.10.20	王昀、方振宁、梁井宇参加 2013 上海西岸建筑与当代艺术双年展展览和座谈
2013.10.24	《知日·家宅》 日本的住宅设计与居住文化对话，王昀、方振宁主讲
2013.11	黄元炤进行中国现代建筑历史调查
	梁井宇出席 "什么是中国文化建筑的未来" domus 对话，出席的还有 Preston Scott Cohen、Peter Anders、王明贤、张长城、刘家琨，活动由《domus》杂志国际中文版主办
	方振宁发表："方振宁北京时间专栏"："明日山水城，优雅的姿态"，《东方艺术》杂志
	方振宁发表："方振宁北京时间专栏"："克雷兹的建筑冒险"，《东

方艺术》杂志

北京建筑大学党时任委党委书记钱军来 ADA 中心调研工作，科技处、研究生处、人事处领导陪同调研，视察 ADA 研究中心建设工作。钱书记对中心前期工作给予高度肯定，并指出成立建筑设计艺术研究中心是宣传我校办学实力、扩大我校影响力、提升我校建筑设计学科科研能力和竞争力重要措施；也是我校制度改革的尝试，学校将大力支持、精心培养、勇于探索；希望中心开拓进取、取得丰硕的成果；希望各部门积极支持，提供好服务

2013.11.24　　方振宁参与的中国古门楼和拢音藻井前往威尼斯参加 2014 年威尼斯建筑双年展国际馆

2013.11.26　　黄元炤参加由 Archina 建筑中国和上海日清建筑设计有限公司共同举办的起点系列活动并进行起点·原境界【第二场：文化与建筑实践】主旨演讲

2013.12　　梁井宇专访专题文章发表，"The possibility for Community Participation in Dashilar, China"，市川纮司，日本《NEMOHA》杂志

方振宁发表："方振宁北京时间专栏"："爱知三年展：天摇地动——我们在哪里站立？"，《东方艺术》杂志

2013.12.04　　ADA 讲座：方振宁"旅行即是教科书 1：鹿特丹之行"，教 1-126

2013.12.08　　王昀参加 CIID 哈尔滨年会，进行"一位建筑师对于室内设计的理解"专题演讲

2013.12.10　　ADA 讲座：方振宁"旅行即是教科书 2：里斯本之行"，教 1-126

2013.12.11　　王昀，黄居正，在电车中商议决定成立勒·柯布西耶研究会，黄居正任研究会召集人，成立现代建筑研究会，王昀任召集人

2013.12.17	ADA 讲座：方振宁"旅行即是教科书 3：莫斯科之行"，教 1-126
2013.12.21	21 至 28 日，方振宁进行世界建筑考察

2014

2014.01	梁井宇发表"平凡建筑的平凡之美——谈刘家琨水井坊博物馆设计"，《时代建筑》杂志
	王昀出席杭州国际设计周，进行"东方生活美学与意境"主题讲座
2014.01.18	王昀在北京建筑大学大兴校区报告厅进行 2013 年建筑设计艺术研究中心工作和 ADA 中心发展规划汇报
2014.01.24	张捍平前往学校资料室查找东南楼（原锅炉房图纸），开始准备东南楼改造工程
2014.02.10	ADA 研究中心网站制作开始
2014.02.13	许东亮加入 ADA，主持光环境设计研究所
	王辉加入 ADA，主持现代城市文化研究所
2014.02.19	开始给梁井宇和方振宁办理外国专家证
2014.02.22	王辉"一人一世界讲座"专题讲座，地点：深圳南山区华侨城创意文化园 A3+
2014.03.05	ADA 讲座：方振宁"旅行即是教科书 4：日本之行"，第三阶梯教室
2014.03.06	马岩松加入 ADA，主持住宅研究所

2014.03.06	ADA 中心域名确定：ada.bucea.edu.cn
2014.03.07	印制 ADA 名片
2014.03.11	马岩松当选为 2014 年全球青年领袖（YGL）。这一荣誉每年由世界经济论坛（World Economic Forum）授予
2014.03.11	ADA 讲座：梁井宇"建筑思维——在建筑凝固之前 1：审美？建筑师为什么缄口不语"，教 1-104
2014.03.12	ADA 讲座：黄居正"现代建筑的流变 1：从拉斐尔前派到包豪斯"，第三阶梯教室
2014.03.18	ADA 讲座：梁井宇"建筑思维——在建筑凝固之前 2：新千年价值备忘录"，教 1-104
2014.03.19	ADA 讲座：方振宁"旅行即是教科书 5：毕尔巴鄂之行"，第三阶梯教室
2014.03.20	第一次现场勘查东南楼现状
2014.03.24	王昀出席北京交通大学"建筑造型基础教学展览及学术研讨会"研讨会
2014.03.25	朱锫加入 ADA，主持自然设计建筑研究所
	ADA 讲座：梁井宇"建筑思维——在建筑凝固之前 3：我们周围的食物"，教 1-104
	方振宁《坂茂获普利茨克奖因其强烈的社会任》，筑龙网
2014.03.26	ADA 讲座：方振宁"旅行即是教科书 6：苏黎世之行"，第三阶梯教室

2014.04.01	ADA 讲座：梁井宇"建筑思维——在建筑凝固之前 4：形式·场所·目的"，教 1-104
2014.04.02	ADA 讲座：方振宁"旅行即是教科书 7：库尔和瓦杜兹之行"，第三阶梯教室
2014.04.09	ADA 讲座：方振宁"旅行即是教科书 8：洛桑之行"，第三阶梯教室
2014.04.12	马岩松赴洛杉矶 A+D 博物馆，作为大都会项目（Cal Poly's LA Metro Program）主讲嘉宾谈"山水城市"
2014.04.15	ADA 讲座：黄居正"现代建筑的流变 2：柯布西耶建筑起源的追溯与原型的展开（上）"，教 1-104
2014.04.16	ADA 讲座：方振宁"旅行即是教科书 9：维特拉之行"，第三阶梯教室
2014.04.22	ADA 讲座：黄居正"现代建筑的流变 3：柯布西耶建筑起源的追溯与原型的展开（下）"，教 1-104
2014.04.29	ADA 讲座：黄居正"现代建筑的流变 4：密斯·凡·德·罗：徘徊在古典与费古典之间"，教 1-104
2014.05.01	方振宁、马岩松参与第 14 届威尼斯国际建筑双年展
2014.05.06	ADA 讲座：王辉"工艺性：现代建筑的一个传统 1：手工建造作为一个传统"，教 1-104
2014.05.07	ADA 讲座：马岩松"社会住宅的社会精神 1：社会变革和住宅革命"，第三阶梯教
2014.05.12	ADA 讲座：马岩松"社会住宅的社会精神 2：理想 VS. 现实"，第二阶梯教室

2014.05.13	ADA 讲座：王辉"工艺性：现代建筑的一个传统 2：细部工艺作为一个传统"，教 1-104	
2014.05.14	ADA 讲座：许东亮"光的理想国 1：建筑是如何亮起来的"，第三阶梯教室	
2014.05.15	ADA 中心微信平台正式建立	
2014.05.19	ADA 讲座：许东亮"光的理想国 2：城市是如何亮起来的"，教 1-104	
2014.05.20	ADA 讲座：王辉"工艺性：现代建筑的一个传统 3：建构作为一个传统"，教 1-104	
2014.05.22	ADA 中心网站上线	
2014.05.25	Florian Beigel/ Philip Christou-City and Time，第二阶梯教室	
2014.05.28	ADA 讲座：王辉"工艺性：现代建筑的一个传统 4：乌托邦绘制作为一个传统"，教 1-104	
2014.06.04	ADA 讲座：朱锫"自然—设计 / Nature Inspired Design"，第三阶梯教室	
2014.06.10	方振宁发表《库哈斯策展的策略与战术》，新京报	
2014.06.13	王昀、王辉、黄居正、齐欣出席"十问北京——城市问题公共研讨会暨车飞新著《北京的社会空间性转型》的再思考"研讨会	
2014.06.16	马岩松作为评委参与"深圳湾超级城市国际竞赛"	
2014.06.19	王辉"建筑画——作为一个批判的工具"专题讲座，地点：中国科学院大学	
2014.06.28	ADA 中心 8 位老师向建筑学院提交研究生导师遴选表，申请建筑学	

	院研究生导师资格	
2014.06.29		
	马岩松登上 CCTV《开讲啦》	
2014.06.30		
	王辉出席 "光明城计划•一点儿北京展"	
2014.07.01		
	赵冠男加入 ADA，主持现代艺术研究所	
2014.07.02		
	马岩松接受全球知名杂志《Monocle》采访，讨论了"什么让城市更美好（What makes a city great）"	
2014.07.04		
	协助建工设计院进行圆恩寺 7 号改造方案设计	
2014.07.05		
	针对我校西城校区规划方案向建工设计院进行阶段性成果汇报	
2014.07.07		
	张捍平前往天津调研天津近现代建筑	
2014.07.07		
	对学科建设—建筑设计艺术研究中心 2014 年进行中期绩效考评	
2014.07.08		
	马岩松"山水城市"主题演讲，上海喜马拉雅美术馆	
2014.07.12	学校召开财政专项申报动员会后正式开始了中心 2015 年学科建设财政专项申报的相关工作	
2014.07.19		
	12 至 16 日，张捍平、贾昊、黄伋、郭婧前往青岛进行青岛里院调查	
2014.07.21		
	张捍平、赵冠男于 798 艺术区对展览空间进行调研	
2014.07.23		
	方振宁、许东亮参加知•美术馆"设计：为了爱犬"展览论坛	
2014.07.26		
	23 至 30 日，张捍平、贾昊、赵璞真、黄伋前往青岛进行青岛里院调查	
2014.07.26		
	梁井宇进行"居住研究：贤哉，回也——幸福 的建筑"讲座，北京	

	UCCA
2014.07.27	王辉进行"居住研究：蚁居"讲座，北京 UCCA
2014.07.28	ADA 画廊向北京设计周组委会提交申请加入设计周活动
2014.07.30	王昀参与中间思库·暑期学坊，进行"建筑与音乐"专题讲座
2014.08.01	马岩松接受墨尔本 The Age 访问
	马岩松接受 Australian Financial Review 专访
2014.08.03	东南楼前车棚拆除，东南楼施工改造开始
2014.08.05	马岩松应墨尔本大学建筑规划系"2014 院长系列讲座"邀请赴墨尔本进行"山水城市"演讲
2014.08.07	广东三雄极光照明有限公司北京负责人到 ADA 研究中心，初步达成共建光环境实验基地意向
	北京设计周确认接受"ADA 画廊"加入北京设计周的申请
	开始进行东南楼改造的配套家具设施设计工作
2014.08.08	梁井宇外国专家证办理完成
2014.08.09	科研楼四层卫生间装修改造开始
2014.08.12	东南楼施工现状拆除工作完成，进入放线施工阶段
	开设建筑空间研究、建筑理论研究，两门学院内有学分的选修课
2014.08.13	方振宁正式开始 ADA 画廊开幕展策展工作

2014.08.14	许东亮出席 8 月 14 日下午在北京建筑设计研究院生活馆举行的光之韵摄影沙龙
2014.08.17	ADA 中心正式与广东三雄极光照明有限公司签订光环境实验基地协议
2014.08.19	马岩松出席韩国釜山国际建筑设计研讨会，做"山水城市"专题演讲
2014.08.31	针对 ADA 中心进行的跨界空间实验模型进行结构咨询
2014.09	许东亮出版《光的理想国·光探寻》
	方振宁主编出版 ADA 画廊开幕展画册《激浪派在中国》
	马岩松出版《山水城市》
	《ELLEMEN 香港版》九月刊马岩松专访"社会变革者"
2014.09.03	ADA 画廊申请开通邮箱、电话
2014.09.05	李静瑜加入 ADA，任 ADA 画廊执行总监，ADA 媒体中心负责人
2014.09.07	ADA 画廊标识正式确定，于北京设计周组委会备案
2014.09.08	刘东洋加入 ADA，主持当代建筑理论研究所
2014.09.08	学生姚博建、楚东旭到 ADA 中心报到
2014.09.09	ADA 画廊开始立面改造
2014.09.10	齐欣加入 ADA，主持都市型态研究所
2014.09.11	学生马睿、关剑到 ADA 中心报到

2014.09.12	ADA 中心与班艺坊模型技术有限公司达成合作共建意向
2014.09.13	ADA 研究中心及 ADA 画廊视觉形象设计工作开始
2014.09.14	ADA 画廊开幕展相关活动的筹备工作开始
2014.09.15	马岩松作为评委主席,出席于美国华盛顿由 AIA 主办的 "2014 校际设计比赛",并在美国 国家建筑博物馆(National Building Museum)作 "山水城市" 主题讲座
2014.09.16	ADA 讲座:许东亮 + 叶军 "光与媒体建筑",教 1-104
2014.09.17	ADA 讲座 - 许东亮 + 赵宗宝 "光的感情表达",教 1-104
2014.09.18	张捍平、赵冠男完成年度工作考核
2014.09.19	"激浪派在中国" 展的展品制作开始
	方振宁开始制作展览视频
	家具公司开始进场东南楼安装家具
2014.09.23	"激浪派在中国" 开始进行布展工作
2014.09.26	ADA 画廊作为全国首家建筑画廊正式开幕,开幕展 "激浪派在中国" 开幕
2014.09.26	黄元炤在北京服装学院进行中国近现代建筑专题讲座
2014.09.27	许东亮导演《启发光融——光绘历史遗存空间》微电影首映
	马岩松、方振宁出席《山水城市》新书发布展览暨论坛,北京 UCCA

2014.10.06	ADA 画廊邀请俄罗斯教授塔季亚娜·尤利耶娃（俄罗斯圣彼得堡国立大学自由艺术与人文科学系教授）参加"马列维奇文献展"开幕式并做主题讲座
2014.10.08	方振宁策展"长沙共生——2014 年梅溪湖国际建筑展"，王昀、马岩松等中心老师作品参展
2014.10.14	王昀、张捍平、赵冠男赴大兴校区考察音乐与建筑关系模型制作场地
2014.10.16	校长朱光、党委书记钱军到 ADA 研究中心实验楼和 ADA 画廊视察改造工作，并对工作给出了指示
2014.10.20	ADA 讲座：黄元炤"中国近代建筑研究 1：近代历史、文明与建设之综述"，教 1-126
	方振宁"中国建筑时代的策展（2008-2014）"讲座，武汉华中科技大学
2014.10.21	日本设计中心首席设计师来到 ADA 研究中心进行考察交流
2014.10.22	王昀、张捍平、赵冠男三人到班艺坊模型技术有限公司进行交流考察，就共建合作做了进一步商讨
2014.10.23	23 至 26 日张捍平、赵冠男赴南京进行现代建筑调研
2014.10.28	ADA 讲座：黄元炤"中国近代建筑研究 2：近代建筑师之'个体'观察与关系"，教 1-104
2014.10.28	马岩松出席"城南计划 / 前门东区二零一四"论坛学术研讨会
2014.10.29	向学校汇报音乐模型，同意修建
	ADA 讲座：方振宁"旅行即是教科书 10：圣彼得堡之行"，教 1-104

2014.10.30	ADA 讲座：方振宁"旅行即是教科书 11：威尼斯之行"，教 1-126
2014.10.31	国艺委在 ADA 中心召开学术研讨会议
2014.11.03	中央美术学院王子源教授到 ADA 进行学术交流
2014.11.04	ADA 讲座：黄元炤"中国近代建筑研究 3：近代建筑教育之源流与萌生"，教 1-104
2014.11.05	方振宁发表"马岩松山水城市思想出口北美"，新京报
	ADA 讲座：刘东洋"从壁炉到壁炉：勒·柯布西耶第一幅油画的探幽"，教 1-104
2014.11.06	ADA 讲座：刘东洋"柯布西耶的空间美学"，ADA5 号车间
2014.11.07	中国建筑工业出版社在 ADA 中心召开书籍出版研讨会
2014.11.10	10 至 13 日，张捍平、赵冠男、贾昊、楚东旭赴河南省三门峡对窑洞聚落进行调研
2014.11.13	ADA 讲座：方振宁"旅行即是教科书 12：罗马之行"，教 1-126
	《城市空间设计》杂志主编卢军到 ADA 进行学术交流
2014.11.14	楼洪忆老师到 ADA 进行学术交流
2014.11.18	跨界空间实验模型经过与结构工程师文辉主任咨询，因经费原因决定考虑转换实验模型的钢结构为钢筋混凝土结构
	18 至 26 日，贾昊赴苏州、无锡进行中国传统园林调查
2014.11.18	ADA 讲座：王辉"哥特建筑的一种阅读 1：形制——阅读基本类型学"，教 1-104

2014.11.19	ADA 讲座：王辉"哥特建筑的一种阅读 2：柱式——阅读法国哥特建筑"，教 1-104	
2014.11.20	ADA 讲座：黄居正"阿尔瓦·阿尔托：幸福的建筑"，教 1-123	
2014.11.21	ADA 讲座 - 许东亮 +ISABELZHU： "灯光设计在酒店中的应用"，ADA 第五车间	
	瑞典驻华大使馆文化参赞来 ADA 中心洽谈联合举办研讨会事宜	
2014.11.22	马岩松出席我们为什么要谈城市的未来？——《山水城市》新书沙龙	
2014.11.24	正式与班艺坊模型技术有限公司签订战略合作协议	
2014.11.27	ADA 讲座：黄居正"建筑理论研究课程 2：卡洛·斯卡帕：时间的形状"，教 1-126	
2014.11.28	ADA 画廊 - "马列维奇文献展"（MALEVICH DOCUMENTA）开幕，北建大建筑设计艺术 (ADA) 研究中心主办， ADA 研究中心策展与评论研究所主持人、著名国际独立策展人方振宁策划并监制	
	俄罗斯教授塔季亚娜·尤利耶娃进行了主题讲座	
2014.11.29	对北京建筑大学西城西城校区改造方案在建工设计院进行汇报	
2014.12.01	ADA 讲座：朱锫"自然设计—Nature Inspired Design"，教 1-126	
2014.12.02	2 至 6 日，贾昊赴广州、佛山、东莞进 行中国传统园林调查	
2014.12.03	ADA 讲座：王辉"哥特建筑的一种阅读 3：天花 / 阅读英国哥特建筑"，教 1-104	
	社会住宅研究 Studio 第一课在 ADA 中心 5 号车 间进行	

2014.12.04	ADA 讲座：黄居正"建筑理论研究课程 3：路易·康：筑造的意志"，教 1-126	
	ADA 研究中心聘请朱小地为客座教授	
	黄元炤，都市文化风貌沙龙之四：众里寻"它"千百度——浅谈江南一带之中国近代建筑，对话嘉宾：刘涤宇（南萧亭）	
2014.12.06	王昀参与 HOUSE VISION，做《自由居住》主题演讲，ADA 中心王辉、梁井宇也参与活动，UCCA	
2014.12.08	ADA 讲座：梁井宇"建筑思维——在建筑凝固之前 5：有人说你形式感很强？"，教 1-126	
	ADA-BIAD"未来城南"STUDIO 启动，开始向校内招募学员	
	萨蒂的家建造得到校领导批准	
2014.12.09	北京建筑大学 ADA 研究中心 瑞典大使馆、香港设计中心共同主办的"建筑、景观与城市设计对话：[再]造城市空间体验"研讨会在 ADA 车间举行	
2014.12.10	ADA 讲座：梁井宇"建筑思维——在建筑凝固之前 6：传统这东西我明白，但继承是什么？"，教 1-104	
	萨蒂的家（音乐实验模型）在北京建筑大学大兴校区开始动工施工	
2014.12.11	ADA 讲座：黄居正"建筑理论研究课程 4：场地建造"，教 1-126	
	社会住宅研究 STUDIO 第二次活动	
2014.12.12	北京建筑大学 ADA 画廊举办，国际著名策展人、ADA 中心策展与评论研究所主持人方振宁老师所策展的"激浪派在中国"项目被评为 2014 北京国际设计周优秀项目	

2014.12.15	方振宁策划"造——建筑中国 2014"建筑展在里昂举办	
	ADA 讲座:梁井宇"建筑思维——在建筑凝固之前 7:众生与庇护",教 1-126	
2014.12.17	ADA 讲座:梁井宇"建筑思维——在建筑凝固之前 8:美之惑——建筑师难过美之关",教 1-104	
2014.12.21	ADA 讲座:朱小地"中国传统建筑当代性研究/兼谈前门东区保护计划的初步方案",ADA 五号车间	
2014.12.22	ADA 讲座:刘东洋"大连空间史 1:甲午战争前的金州古城",教 1-126	
	ADA 读书会 - 第一期《菲利普二世时代的地中海世界》布罗代尔著,黄居正主持,刘东洋讲读,ADA 中心红场	
2014.12.23	ADA 讲座:方振宁"旅行即是教科书 13:里昂之行",教 1-104	
	大兴校区与学校基建处领导就萨蒂的家建造问题碰头,确定混凝土方案	
2014.12.24	ADA 讲座:刘东洋"大连空间史 2:山海之间的新区中心规划故事",教 1-104	
2014.12.25	ADA 读书会:第二期《东京:空间人类学》阵内秀信著,黄居正主持,刘东洋讲读,ADA 中心红场	
2014.12.31	随同学校基建处及相关领导前往大兴校区新食堂调研,参与食堂改造设计方案	

2015

2015.01.01	Domus 第 094 期以突围为主题,将 ADA 中心作为非学员派建筑学术机构进行全面介绍和报道

2015.01.08	ADA 社会住宅研究 STUDIO 第三课在 MAD 事务所进行	
2015.01.10	在大兴新食堂工地汇报食堂改造设计方案	
2015.01.12	同学王风雅来 ADA 中心实习	
2015.01.15	ADA 社会住宅研究 STUDIO 第四课在 MAD 事务所进行	
2015.01.17	王昀参加 TEDxFactory798，进行"窗人"演讲	
	董功加入 ADA 中心，主持建筑与自然光研究所	
2015.01.18	华黎加入 ADA 中心，主持建筑与地域研究所	
2015.01.26	建筑学院学生会代表对王昀老师进行采访	
2015.02.04	广东工业大学艺术设计学院院长方海教授到 ADA 研究中心交流考察	
2015.02.06	室内设计学会叶红造访 ADA 画廊并进行交流访问日本 TOTO（东陶）集团中国区市场代表一行二人到 ADA 研究中心洽谈交流	
2015.02.12	大栅栏投资有限公司来 ADA 中心访问，探讨对大栅栏地区的合作和调查，拟定设立 ADA 大栅栏观察站	
2015.03.01	董功发表《孤独》，新建筑，2015 年 03 期	
2015.03.11	马岩松出席于哥大北京建筑中心 举行的"建筑实践与城市" 主题研讨会，与哥大学生分享关于建筑设计及国内外实践的具体问题	
2015.03.13	王昀、张捍平、赵冠男前往大栅栏进行初步调查，选定碳儿胡同 15 号作为 ADA 大栅栏观察站位置	
2015.03.18	马岩松在耶鲁北京中心作"山水城市"演讲	

2015.03.19	清华大学设计课开始，ADA中心王昀、马岩松、齐欣、朱锫、梁井宇、董功、华黎先后作为设计导师主持设计课	
2015.03.23	ADA讲座：许东亮、栢万军"光与理性游戏"，ADA5号车间	
2015.03.24	ADA讲座：许东亮、齐洪海"光与后背"，教1-104	 
2015.03.25	ADA-BIAD STUDIO "未来城南"进行现场调研	
2015.03.26	ADA讲座：黄居正"建筑空间研究课程1：从拉斐尔前派到包豪斯"，教1-126	
2015.03.31	ADA-BIAD STUDIO "未来城南"第二次活动	
2015.04.01	华黎，刘东洋发表"武夷山竹筏育制场建造实践"现场研讨会，参与的还有王骏阳、柳亦春、毛全盛、李晓鸿、刘爱华，建筑学报，2015年04期	
2015.04.02	ADA讲座：黄居正"建筑空间研究课程2：勒·柯布西耶建筑起源的追溯与原型的展开（上）"，教1-126	
2015.04.09	ADA讲座：黄居正"建筑空间研究课程3：勒·柯布西耶建筑起源的追溯与原型的展开（中）"，教1-126	
2015.04.13	ADA讲座：许东亮、施恒照"光浴空间"，ADA5号车间	
2015.04.14	ADA讲座：许东亮、周利"专业照明设计与专业建筑摄影"，教1-104	
2015.04.16	14至16日，贾昊赴珠海、惠州、梅州、汕头进行中国传统园林调查	
	ADA讲座：黄居正"建筑空间研究课程4：勒·柯布西耶建筑起源的追溯与原型的展开（下）"，教1-126	
2015.04.21	ADA讲座：刘东洋"柯布前传：白宅的时空错乱"，教1-104	

2015.04.22	ADA 讲座: 刘东洋 "慢读基地计划", ADA 红场	
2015.04.28	ADA 讲座: 梁井宇 "建筑思维——在建筑凝固之前 1: 建筑的美丑有客观标准吗?", 教 1-104	
2015.04.30	ADA 讲座: 梁井宇 "建筑思维——在建筑凝固之前 2: 新千年价值观", 教 1-104	
	马岩松受《建筑实录》(Architectural Record) 邀请, 出席 "innovation conference 2015" 发表主题演讲	
2015.05	王昀著《空间的聚散》出版	
	张捍平著《翁丁村聚落调查报告》出版	
2015.05.05	ADA 讲座: 梁井宇 "建筑思维——在建筑凝固之前 3: 如何观察周围的事物", 教 1-104	
2015.05.07	ADA 讲座: 梁井宇 "建筑思维——在建筑凝固之前 4: 形式与想象力", 教 1-104	
2015.05.07	7 至 17 日, 贾昊赴泰州、南京、宁波、漳州、福州进行中国传统园林调查	
2015.05.14	马岩松受邀参加台北 House Vision Taiwan 启动会议, 与台湾建筑行业人士分享 "山水城市", 并与本次策展委员之一阮庆岳与各位作交流互动	
2015.05.21	马岩松受意大利 THE PLAN 杂志社和李翔宁共同邀请, 与张永和、刘晓都在米兰出席研讨会, 讨论中国的城市建筑问题	
2015.05.22	ADA 画廊: "勒·柯布西耶全纪录"展开幕	
2015.05.25	5 月 25 至 6 月 01 日, 贾昊赴杭州、绍兴、嘉兴进行中国传统园林	

调查

2015.05.26	ADA 讲座：六角鬼丈"建筑与五感"，ADA5 号车间	
2015.06	黄元炤著《中国近代建筑师系列——范文照》出版	

黄元炤著《中国近代建筑师系列——柳士英》出版

王昀著《跨界设计：音乐与建筑》出版
王昀著《跨界设计：建筑与聚落》出版

王昀著《灯光｜光梭：陈述与表达》出版

赵冠男著《西方现代艺术源流概览》出版

王昀、张捍平、赵冠男、李静瑜著《ADA 画廊·改造记录》出版

王昀著《8 空间的陈述》出版

王昀著《60 平米极小城市》出版

2015.06.01	与大栅栏投资有限公司签订战略合作框架协议，设立 ADA 大栅栏观察站
2015.06.08	ADA 读书会：第三期《哥特建筑与经院哲学——关于中世纪艺术、哲学、宗教之间对应关系的探讨》，黄居正主持，丁垚讲读，ADA 红场

ADA 讲座：刘东洋"柯布前传：罗马八日"，ADA5 号车间

2015.06.09	ADA 讲座：刘东洋"柯布与手法主义"，ADA5 号车间

日本神户大学远藤修平、规桥修来 ADA 中心交流访问

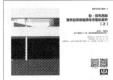

2015.06.12	ADA 讲座：阮庆岳"建筑的现实，现实的建筑"，ADA5 号车间
2015.06.15	非物质文化遗产研讨会在 ADA 中心举行
2015.06.16	ADA 讲座：王辉"工艺性：现代建筑的一个传统 5：工艺与装饰 ｜ 奥托·瓦格纳和他的学生们"，ADA5 号车间
2015.06.23	ADA 讲座：方振宁"旅行即是教科书 14：日内瓦和洛桑 / 寻找柯布西耶的房子"，ADA5 号车间
2015.06.24	ADA 讲座：方振宁"旅行即是教科书 15：蒙塔纳—阿尔卑斯山的房子"，ADA5 号车间
2015.06.25	ADA 讲座：王辉"工艺性：现代建筑的一个传统 6：装饰的突破 ｜ 阿道夫·路斯和朱塞佩·特拉尼"，ADA5 号车间
2015.06.26	ADA 讲座：方振宁"旅行即是教科书 16：莫斯科—库哈斯设计 GARAGE"，ADA5 号车间
2015.06.30	ADA 讲座：方振宁"旅行即是教科书 17：拉绍德封和日内瓦 / 早期柯布西耶"，ADA5 号车间
2015.07	王昀著《跨界设计：建筑与园林》出版
2015.07.01	董功发表《董功：场地与场所》，城市环境设计，2015 年 Z2 期
2015.07.02	ADA 讲座：王辉"工艺性：现代建筑的一个传统 7：故事的工艺性 ｜ 2015 米兰世博"，ADA5 号车间
2015.07.06	中国建筑工业出版社唐旭主任到 ADA 研究中心洽谈合作
2015.07.09	王建中党委书记及校宣传部、科技处等相关领导来 ADA 中心调研
	ADA 讲座：王辉"工艺性：现代建筑的一个传统 8：工艺的故事性

| 王澍与黄声远"，ADA5 号车间

2015.07.10	10 至 22 日，黄元炤赴上海、厦门、泉州、南京进行中国近现代建筑研究调查
2015.07.13	萨蒂的家周边绿化方案深化
	正式开始大兴校区图书馆 6 层三馆建设方案的设计
	开始大兴校区跨界试验园区的规划设计工作
	开始配合学校宣传部开展大兴校区校园文化建设的规划工作
2015.07.14	ADA 讲座：方海"建筑师与家具"，ADA5 号车间
2015.07.17	马岩松参加 cctv-2《一人一世界》节目
2015.07.18	王昀参加校园文化建设工作专题讨论会
2015.07.22	22 至 29 日，赵璞真、王凤雅、杨秉宏、吉舟、翟玉昆、张竞攀 6 人赴河南进行窑洞聚落调查
2015.07.29	29 至 31 日，张捍平、赵冠男赴深圳对华美术馆"勒·柯布西耶——巨人的建筑"展览进行调研
2015.08.02	王辉在深圳进行"殊途同归：法国和英国的哥特建筑"专题讲座
2015.08.07	ADA 大栅栏观察站开始对三井社区炭儿胡同进行调查，走访社区郭书记、张主任
2015.08.08	马岩松参与原研哉策展的《设计：为了爱犬》展览在上海喜玛拉雅美术馆开幕
2015.08.12	王昀、赵冠男与基建处领导到大兴校区实地踏勘讨论景观梳理等问题

2015.08.20	许东亮参加三雄极光照明学院启动典礼,并做"追求诗意化的光"专题讲座
	与建工建筑设计研究院研讨西城校区改建方案
2015.08.21	协助学校基建处进行大兴校区规划深化方案 ppt 制作
2015.08.25	与校基建处研讨大兴校区图书馆 6 层改造造价计划
2015.08.26	与校相关部门一同对西城校区创意产业园区改造方案意向进行讨论
2015.08.28	黄元炤赴天津进行中国近现代建筑研究调研
2015.09.01	与大栅栏商讨设计周展览及布展方式
	与首都博物馆展览专家及设计院共同讨论大兴艺术馆布置方案
2015.09.06	方振宁策展的"世·象——中意艺术家联展"于意大利卡普里岛展出
	学生李兆颖、王璐、张发明、赵璞真、翟玉坤报到,张捍平调研大兴校区臻园展厅现场(星空间)
2015.09.08	黄居正、王昀、华黎出席,北建大第三阶梯进行的《乌有园》讲座,王欣、金秋野、董豫赣、李兴钢等做点评
	贾昊赴天津进行中国传统园林研究调研
2015.09.09	赵冠男于大兴参加基建处、宣传部及景观设计单位专家参加的大兴校区景观深化布置会
2015.09.10	王昀在北京建筑大学 2015 级研究生开学典礼上发言
	向王建中、张启鸿书记汇报大兴臻园"星空间"设计方案,大兴图书馆校史馆、现代建筑艺术馆、大兴跨界创意园区以及音乐长廊深化方案

2015.09.11	贾昊赴天津进行中国传统园林调查
2015.09.14	ADA 讲座：梁井宇"建筑思维——在建筑凝固之前 5：传统这东西我明白，但继承是什么"，ADA5 号车间
	9 月 14 日至 10 月 1 日，贾昊赴扬州、上海、苏州、南京、常州进行中国传统园林研究调查
2015.09.15	许东亮出席三雄·极光照明学院启动典礼暨设计高峰论坛（北京站）
2015.09.15	马岩松受邀在洛杉矶 LACMA 博物馆作"山水城市"主题演讲
2015.09.16	ADA 中心申请校高端智库工程
	ADA 讲座：梁井宇"建筑思维——在建筑凝固之前 6：众生与庇护"，ADA5 号车间
2015.09.17	17 至 20 日，王昀、张捍平、赵冠男进行哈尔滨近现代城市与建筑调查
2015.09.21	ADA 讲座：梁井宇"建筑思维——在建筑凝固之前 7：美之惑——建筑师难过美之关"，ADA5 号车间
2015.09.23	ADA 讲座：梁井宇"建筑思维——在建筑凝固之前 8：大栅栏"，ADA5 号车间 ADA 讲座
	ADA 大栅栏观察站"院（yuàn）景"——大栅栏聚落调查展开幕
2015.09.24	马岩松、朱小地参与北京设计周期间天安时间当代艺术中心策划的"Jensen's Garden"开幕
	王昀主持的北京设计周 CHINA HOUSE VISION 理想家专场研讨会在世纪坛举行

ADA 研究中心作为学术支持单位的"建筑中国 1000"展览开幕式及"思考中国"建筑论坛在 798 艺术中心举行。出席的还有 ADA 中心朱锫、梁井宇等

ADA 画廊"克雷兹的建筑素描"展开幕，开幕式由王昀老师主持，策展人方振宁老师发言，瑞士建筑师克雷兹出席，并做演讲

王昀参与 UED 100×100 展览开幕式，王昀、齐欣、朱锫等中心老师作品参加展览

27 至 29 日黄元炤赴上海进行中国近现代建筑研究调查

中央美术学院王子源老师来 ADA 中心参与 ADA 书籍排版

9.29-10.8 赵璞真、王风雅、李啟潍、吉舟、翟玉昆、张竞攀 6 人赴河南进行窑洞聚落调查

王昀、赵冠男、张捍平与中央美术学院平面设计专家就书籍版式进行咨询讨论

王昀、张捍平、赵冠男赴天津进行跨界研究空间模型试验调查

黄元炤赴天津进行中国近现代建筑研究调研

梁井宇在中央美术学院进行"往昔点滴的光辉"专题讲座

王昀、赵冠男向王建中书记、张爱林校长、李维平副校长汇报西城校区规划调整方案

董功受邀参与南京大学"环境的建构"系列讲座，其演讲主题为"场地·空间·人——直向建筑近期实践"

ADA 讲座：许东亮 + 刘晓希"光环境与视觉心理 / 米兰世博会中国馆照明设计"，ADA 五号车间

2015.11.04	华黎在苏黎世联邦理工学院发表题为"在地"的演讲
	中国现代建筑历史研究所主持人黄元炤与都市型态研究所主持人齐欣,进行了第一期《元炤夜谈》的学术对谈
2015.11.09	ADA 讲座:刘东洋"湖畔之家:勒·柯布西耶真正的事业",ADA 五号车间
2015.11.10	ADA 讲座:刘东洋"米开朗琪罗的楼梯(上)一座教堂的三条线索",ADA 五号车间
2015.11.11	ADA 讲座:许东亮 + 徐庆辉"建筑灯光的创意与技术 / 广州 W 酒店",ADA 五号车间
2015.11.12	ADA 讲座:许东亮 + 李铁楠"光塑造空间",ADA 五号车间
2015.11.13	ADA 讲座:方振宁"今日建筑研究 1:石上纯也 / 建筑的新尺度",ADA 五号车间
2015.11.17	ADA 讲座:方振宁"建筑研究 2:藤本壮介 / 建筑的关系性",ADA 五号车间
2015.11.19	ADA 讲座:方振宁"建筑研究 3:密斯和纽曼:艺术和建筑的崇高性",ADA 五号车间
2015.11.25	ADA 共办学术活动:CHINA HOUSE VISION 中国理想家"未来居住研究",ADA 五号车间 + 第三阶梯教室
2015.11.26	ADA 讲座:许东亮 + Emmanuel Clair"照明设计的窍门与技巧",ADA 五号车间
2015.12.10	黄元炤,中国古典主义 (下):中华古典在中国的实践,《世界建筑导报》

2015.12.16	ADA 讲座：黄居正"建筑理论研究1：密斯·凡·德·罗：徘徊在古典与非古典之间"，教1-123	
2015.12.17	ADA 讲座：王辉"在哥特天穹下重读经典1：开始和结局：法英双城记"，ADA 五号车间	
2015.12.21	ADA 讲座：方振宁"建筑研究4：柯布西耶：建筑的绘画性"，ADA 五号车间	
2015.12.22	ADA 讲座：王辉"在哥特天穹下重读经典2：知行合一｜兼读《哥特建筑与经院哲学》"，ADA 五号车间	
	ADA 讲座：刘东洋"重读阿尔多·罗西的城市建筑学"，ADA 五号车间	
2015.12.23	ADA 讲座：黄居正"建筑理论研究2：阿尔瓦罗·西扎：从场地到场所"，教1-123	
	ADA 读书会：第四期《忧郁的热带》，作者：[法]克洛德·列维-施特劳斯，主持人：黄居正，讲读者：刘东洋	
2015.12.28	发布当代建筑理论研究所主持人刘东洋老师策划的《家乡的住区类型学描述与研究》计划书	
2015.12.29	ADA 讲座：王辉"在哥特天穹下重读经典3：奥德哥特｜兼读《抽象与移情》《哥特形式论》"，ADA 五号车间	
2015.12.30	ADA 讲座：黄居正"建筑理论研究3：卡洛·斯卡帕：时间的形状"，教1-123	

2016

2016.01.06	ADA 讲座：黄居正"建筑理论研究4：阿尔瓦·阿尔托：平常的

建筑",教 1-123

2016.01.07	ADA 讲座：王辉 "在哥特天穹下重读经典 4：多元的意大利丨兼读《威尼斯的石头》"，ADA 五号车间

2016.01.10	朱锫应邀参加深港城市建筑双城双年展建筑论坛并发表主题演讲
	王辉携装置作品"五迷三道"参与深圳特区成立三十五周年艺术大展暨第一届深圳当代艺术双年展，并出席开幕式

2016.02	王昀著《聚落平面图中的绘画》出版
	王昀著《跨界设计——建筑与斗拱》出版
	王昀著《密斯的隐思》出版

2016.02.01	朱锫应邀在美国哥伦比亚大学发表学术演讲
2016.02.10	黄元炤，中国折中主义（上）：西式折中在中国的实践，《世界建筑导报》
2016.02.23	华黎著述《起点与重力》现已由中国建筑工业出版社出版
2016.02.28	黄元炤，民族解放运动（20 世纪 50 年代）前后的非洲现代建筑（下），《住区》
2016.03.18	ADA 画廊 - "建筑与音乐展"开幕
	《ADA 画刊》创刊号，第一期发表

2016.03.22	朱锫应邀在哈佛大学设计学院发表学术演讲
2016.03.30	朱锫应邀赴美国伯克利大学发表学术演讲
2016.04	由 ADA 师生为主参与编写的未来主义特辑"投向未来的远方"在《城市空间设计》杂志发表，王昀为客座主编

	王昀著《跨界设计：建筑与废物》出版
2016.04.02	ADA 工作营，由跨领域研究所主持人梁井宇老师带领，侗寨禾仓工作营抵达了位于黔东南九层高更村抱寨开始工作
2016.04.08	ADA 讲座：刘东洋"米开朗琪罗的楼梯（中）——四年间的十三版"，ADA 五号车间
2016.04.09	ADA 讲座：刘东洋"住宅片区类型学调查"，ADA 五号车间
2016.04.10	黄元炤，中国折中主义（中）:西式折中在中国的实践，《世界建筑导报》
2016.04.14	《纽约时报》刊登马岩松独家专访
2016.04.23	萨蒂的家 - 与亚洲城市与建筑联盟、亚洲设计学年奖组委会共同举办"重返风景——城市与乡村变迁中的情感和记忆"学术论坛
2016.04.26	ADA 讲座：董功"直向建筑实录1：海边图书馆"，ADA 五号车间
2016.05	董功受邀参加苏黎世联邦理工学院（ETH Zürich）"China Making 中国建造 – Vision on Contemporary Architecture" 主题演讲研讨会并发表演讲
	董功受邀在天津大学进行了一节主题为"建筑作为一种呈现的媒介"的学院公开课
2016.05.03	朱锫参加他所执教的美国哥伦比亚大学建筑学院研究生毕业答辩
2016.05.07	马岩松出席厦门"第七届全球建筑大师论坛"并作主题演讲
2016.05.06	ADA 讲座 - 奥斯汀·威廉姆斯（Austin Williams）"危险中的可持续性设计——城市中的可持续发展与生态城市问题"，ADA 五号车间

2016.05.09	"建筑与书法" 空间实验模型在内蒙完成实验拼装
2016.05.10	ADA 讲座：王辉"匠人精神：现代设计的一个传统 1——五龙庙的故事"，ADA 五号车间
2016.05.16	ADA 讲座：方振宁"中国智慧 4-1｜工具：从红山到半坡 /BC4000-3000"，ADA 五号车间
	ADA 画廊："绘画与建筑展"开幕
	《ADA 画刊》第二期发表
2016.05.17	ADA 讲座 - 王辉"匠人精神：现代设计的一个传统 2——700bike 的故事"，ADA 五号车间
2016.05.18	马岩松应邀于纽约联合国总部出席"第十届全球创新与企业家精神峰会"，并作主题演讲
2016.05.24	ADA 讲座 - 王辉"匠人精神：现代设计的一个传统：3 - 胡同里的故事"-ADA 五号车间
2016.05.26	梁井宇担任策展人的"第 15 届威尼斯国际建筑双年展"中国馆，展览开幕
	穿越中国 / 中国理想家展览在威尼斯举行，ADA 中心王昀、梁井宇、华黎、马岩松、王辉（都市实践）等老师作品参加展览
2016.05.28	ADA 讲座：方振宁"中国智慧 4-2｜预制：满城汉墓与中山国"，ADA 五号车间
2016.06	由 ADA 师生为主参与编写的达达主义特辑"冲突与新的可能"在《城市空间设计》杂志发表，王昀为客座主编
	董功受邀参加广仁论坛，并进行了"场所的呈现"主题演讲

王昀著《跨界设计：绘画与建筑》出版

2016.06.07　　ADA 讲座：黄居正"建成与未建成：朱塞佩·特拉尼的两座房子"，教 1-123

2016.06.08　　ADA 讲座：方振宁"旅行即是教科书 18：威尼斯／建筑双年展前线报告"，ADA 五号车间

2016.06.10　　黄元炤，中国折中主义（下）：中式折中在中国的实践，《世界建筑导报》

2016.06.14　　ADA 讲座：黄居正 "勒·柯布西耶——建筑起源的追溯与原型的展开（上）"，教 1-123

2016.06.16　　马岩松于洛杉矶、由洛杉矶商业协会（LABC）主办的"洛杉矶建筑奖"作主题演讲

2016.06.21　　ADA 讲座：黄居正"勒·柯布西耶——建筑起源的追溯与原型的展开（中）"，教 1-123

2016.06.28　　ADA 讲座 - 黄居正"勒·柯布西耶——建筑起源的追溯与原型的展开（下）"，教 1-123

ADA 画廊 - "建筑与园林展"开幕

《ADA 画刊》第三期发表

2016.06.29　　王建中书记莅临 ADA 画廊视察"建筑与园林"展

2016.06.30　　ADA 讲座：刘东洋 " 米开朗琪罗的楼梯（下）：创新与师承"，ADA 五号车间

朱锫应邀出席 "2016 莫斯科都市论坛"并作主题演讲

王昀、赵冠男至大兴小区向王建中书记、张启鸿副书记汇报萨蒂的家

	装置进一步改造方案
2016.07	王昀著《传统聚落结构中的空间概念（第二版）》出版
2016.07.01	ADA 讲座：刘东洋"20 岁柯布眼中的佛罗伦萨"，ADA 五号车间
2016.07.08	ADA 讲座：方振宁"旅行即是教科书 19：库哈斯 / 普拉达基金会（米兰）"，ADA 五号车间
2016.07.14	张爱林校长莅临 ADA 研究中心
2016.07.26	自然设计建筑研究所主持人朱锫，应邀出席 "全球艺术格局下的亚洲视野" 东亚艺术发展论坛并作主题演讲
2016.08	由 ADA 师生为主参与编写的至上主义与风格派特辑 "非具象世界" 在《城市空间设计》杂志发表，王昀为客座主编
2016.08.01	王辉 & 范凌联合出版文集《十谈十写》
2016.08.06	世象 / 中意艺术家联展在威海开幕，展览由策展与评论研究所主持人方振宁和亚历山大·德玛 (Alessandro Demma) 策划，王昀作品参加展览
2016.08.10	黄元炤，中国现代主义（上）：现代主义在中国的实践，《世界建筑导报》
2016.08.26	王昀赴通州督导刘骥林先生雕塑作品 "对歌" 的制作进度
	学生邓璐到 ADA 报道，王昀完成大兴校区中国建筑师作品展示馆以及艺术馆 LOGO 设计工作
2016.09	董功受邀参展由哈佛设计学院主办并策划的 "迈向批判性实用主义——中国当代建筑展"
2016.09.08	赵冠男至大兴校区与李沙老师和宣传部共同对接展馆布置问题

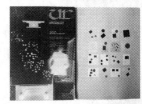

2016.09.13	自然设计建筑研究所主持人朱锫，应邀出席哈佛大学设计学院"中国当代建筑展"开幕式论坛并作演讲	
2016.09.26	ADA 画廊："建筑与斗拱"开幕	
	《ADA 画刊》第四期发表	 
2016.09.28	王建中书记莅临 ADA 画廊视察"建筑与斗拱"展览工作	
2016.10	董功受邀参加在烟台大学建筑学院召开的第 23 届当代中国建筑创作论坛，并进行了一场名为"场所的呈现"主题演讲	
2016.10.10	黄元炤, 中国现代主义 (下): 现代主义在中国的实践,《世界建筑导报》	
2016.10.18	受世界高层建筑论坛与都市人居学会 (CTBUH) 邀请，马岩松作客深圳主论坛	
2016.10.20	ADA 协办讲座："捷克立体主义建筑对现代主义运动的影响"，ADA 五号车间	 
	萨蒂的家："聚落展"开幕	
2016.10.24	自然设计建筑研究所主持人朱锫，应邀出席"第一届公共艺术与城市设计国际高峰论坛"并作主题演讲	
2016.10.26	赵冠男到大兴校区了解图书馆东侧展示牌方案的修改意见	
2016.10.28	上海同济创意中心负责人到 ADA 中心交流	
2016.11	董功受邀参加中国人居环境设计学年奖年会，作为嘉宾发表了"空间作为一种呈现的媒介"的教学主题演讲	
2016.11.08	ADA 画廊："建筑与书法展"开幕	

2016.11.10	ADA 讲座：刘东洋 "多米诺笔记：追踪夏尔 - 爱德华·让纳雷 1915 年夏天的那次巴黎调研过程"，ADA 五号车间
2016.11.11	ADA 讲座 - 刘东洋 "作为事件的新精神馆——勒·柯布西耶与 1925 年巴黎世博会的装饰观念之争"，ADA 五号车间
2016.12	由 ADA 师生为主参与编写的构成主义特辑 "苏联构成主义的野望" 在《城市空间设计》杂志发表，王昀为客座主编
2016.12.01	王昀著《跨界设计：自然与建筑》出版 霓裳之汇——中国少数民族服饰文化展在哥伦比亚首都波哥大开幕，展览由策展与评论中心主持人方振宁策划
2016.12.06	ADA 讲座：黄居正 "从拉斐尔前派到包豪斯"，教 1-202
2016.12.08	ADA 讲座：王辉 "批判性实践的批判 1：未建成奏鸣曲"，ADA 五号车间
2016.12.10	BLACK 3+4 艺术展开幕，展览由策展与评论中心主持人方振宁策划 黄元炤，中国近代建筑师的钟摆效应，《世界建筑导报》
2016.12.13	ADA 讲座：黄居正 "密斯·凡·德罗 徘徊在古典与非古典之间"，教 1-202
2016.12.14	ADA 讲座：王辉 "批判性实践的批判 2：类型回旋曲"，ADA 五号车间
2016.12.18	董功受有方空间邀请，在深圳举办了 "光的启蒙" 专题讲座 "李迪—纵横"展在东京画廊开幕，展览由策展与评论中心主持人方振宁策划
2016.12.19	王昀参加中国画院展览

2016.12.20	ADA 讲座：黄居正"阿尔瓦·阿尔托：平常的建筑"，教 1-202	
2016.12.26	ADA 读书会 - 第五期《人文主义时代的建筑原理》[德]鲁道夫·维特科尔著，刘东洋译，讲读者：黄居正，主持人：刘东洋	
2016.12.27	ADA 讲座：黄居正"建成与未建成：朱塞佩·特拉尼的两个房子"，教 1-202	
	ADA 读书会 - 第六期《理想别墅的数学》：解读与方法，科林·罗（Colin Rowe）著 讲读者：刘东洋，主持人：黄居正	
2016.12.29	ADA 讲座：王辉"批判性实践的批判 3：主题变奏曲"，ADA 五号车间	
2016.12.30	张大玉校长、高精尖中心副主任李雪华老师到 ADA 研究中心参观	

2017

2017.01	由王昀主持的"建筑、设计、艺术丛书（ADA 丛书）"第一系列出版，共四本，为《朱塞普·特拉尼与理性主义建筑》李宁著，《勒·柯布西耶独立住宅构成形态解析》周磊著，《非具象世界》卡西米尔·塞文洛维奇·马列维奇著 张含译，《17 世纪初至当代——法国建筑观念与形式演变》禹航著
2017.01.17	赵冠男配合校宣传部赴大兴参加中国设计节启动会
2017.02	华黎作为唯一的中国建筑师，受邀参与新西兰建筑师协会组织的国际建筑师论坛
2017.02.10	黄元炤，中国近代营造厂的衍生及其师承、社会和建筑师之间的关系，《世界建筑导报》

2017.02.18	开始配合国交处进行"引智"项目的申请	
2017.03.15	自然设计建筑研究所主持人朱锫作品景德镇御窑博物馆荣获"2017年度 The Architectural Review 未来建筑奖"	 
2017.03.31	ADA 讲座：刘东洋"朗德龙印记：青年柯布的一个未建成项目及其意义"，ADA 五号车间	
	朱锫首次建筑个展"会心处不在远" Mind Landscapes 在柏林 Aedes 当代建筑中心开幕	
2017.04.04	马岩松与家具设计先锋品牌 Sawaya&Moroni 合作作品"蘑菇椅"在米兰设计周 Salone Del Mobile 展出	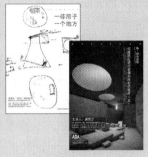
2017.04.05	ADA 讲座：黄居正"阿尔瓦罗·西扎：从场地到场所"，ADA 五号车间	
2017.04.09	ADA 讲座：黄居正"卡罗·斯卡帕：时间的形状"，教 1-502	
	ADA 讲座：刘东洋"慢读基地研究 3：一栋房子，一个地方"，ADA 五号车间	 
2017.04.10	中国近代房地产的兴起,和建筑业、建筑师之间的关系，《世界建筑导报》	
2017.04.16	ADA 讲座 - 黄居正"勒·柯布西耶：对建筑起源的追溯和原型的展开（上）"，ADA 五号车间	
2017.04.23	ADA 讲座：黄居正"从圣山到雅典：柯布的逆向大旅行"，ADA 五号车间	
2017.04.28	由天津大学开办的《当代中国建筑创作与思想》课程邀请华黎进行讲座	

2017.05.03	ADA 讲座："实践理性批判 1：城市客厅之序列——设计再生结构以提升历史性公共空间"，主讲人：Prof. Laura A. Pezzetti，主持人：王辉，ADA 5 号车间
2017.05.07	马岩松、梁井宇、齐欣与方振宁进行"MAD 国际实践十年"评图会
2017.06	由 ADA 师生为主参与编写的"20 世纪前卫者的勇敢挑战"特辑在《城市空间设计》杂志发表，王昀为客座主编
2017.06.10	黄元炤，中国建筑近代事务所的衍生、形态及其年代和区域分布分析，《世界建筑导报》
2017.06.13	ADA 协办：当代西班牙建筑与景观设计 巴塞罗那 + 建筑 + 景观，主讲人：曼努埃尔·鲁伊桑切斯（MANUEL·RUISANCHEZ），主持人：韩林飞
2017.06.14	都市型态研究所主持人齐欣出席 UED 公开课，进行主题为"齐欣——'关公战秦琼'"的演讲
2017.06.21	自然设计建筑研究所主持人朱锫参加前海建筑周"景·观——当代建筑与艺术研究展"
2017.06.26	"建筑·设计·艺术系列丛书研讨会"于 ADA 五号车间举办，演讲嘉宾：李宁、周磊、张含、禹航，研讨嘉宾：王昀、徐冉、刘文豹、黄元炤、赵冠男、张捍平、梁琛、黄伋
2017.07.07	著名建筑媒体 Dezeen 刊登了其创始人、主编 Marcus Fairs 对马岩松的专访
2017.07.21	Metropolis 主题采访并报道朱锫：未完成空间的艺术
2017.08.10	黄元炤，《建筑月刊》的介绍，及建筑师发表在《建筑月刊》文章之观察，《世界建筑导报》

2017.11.06	ADA 讲座：黄居正 "从拉斐尔前派到包豪斯"，教 1-202
2017.11.28	ADA 讲座：黄居正 "密斯·凡·德罗：徘徊在古典与非古典之间"，教 1-202
2017.12.12	ADA 讲座：黄居正 "阿尔瓦·阿尔托的平常建筑"，教 1-202
2017.12.19	ADA 讲座：黄居正 "阿尔瓦罗·西扎：从场地到场所"，ADA 五号车间
2017.12.28	ADA 读书会 - 第七期《美术史的基本概念》——后期艺术中的风格发展问题，沃尔夫林 著 讲读者：刘东洋 × 黄居正 × 丁垚 × 范路

2018

2018.03	山东建筑大学成立建筑设计艺术（ADA）研究中心
	ADA 研究中心作为《遇见·中国新势力》系列讲座的学术支持单位，中国现代建筑历史研究所主持人黄元炤担任系列讲座的学术主持及学术召集人
2018.03.23	ADA 讲座：赵冠男 "二十世纪的到来"，ADA 五号车间
2018.03.30	ADA 讲座：赵冠男 "未来与历史的决裂"，ADA 五号车间
2018.04	现代艺术研究所主持人作为学术召集人，组织开展 "ADA 艺术与建筑论坛" 系列学术活动，论坛在 "and X" 的模式下，以 "宣讲 + 对话 + 讨论" 的方式建立具有持续性、开放性的青年学术交流平台
2018.04.08	ADA 讲座：赵冠男 "无具象对象的世界"，ADA 五号车间
2018.04.16	"ADA 艺术与建筑论坛" 系列学术活动宣讲版块，禹航 "建筑观念与形式演变 1：模型与世界"，ADA 五号车间

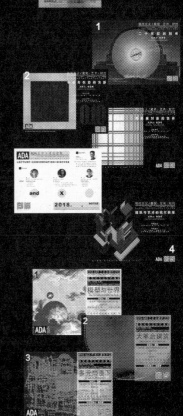

"ADA 艺术与建筑论坛"系列学术活动宣讲版块,禹航"建筑观念与形式演变 2:大革命建筑",ADA 五号车间

"ADA 艺术与建筑论坛"系列学术活动宣讲版块,梁琛《时空意志》1:《Aleph》时空意志的延伸与凝固",ADA 五号车间

"ADA 艺术与建筑论坛"系列学术活动宣讲版块,梁琛《时空意志》2:《Atlas》时空意志的起点与绵延",ADA 五号车间

"ADA 艺术与建筑论坛"系列学术活动宣讲版块,禹航"建筑观念与形式演变 3:多元局面下",ADA 五号车间

"ADA 艺术与建筑论坛"系列学术活动宣讲版块,梁琛《时空意志》3:《揭示太阳》时空意志的潜意识交融与呈现",ADA 五号车间

"ADA 艺术与建筑论坛"系列学术活动宣讲版块,禹航"建筑观念与形式演变 4:新世界的新形象",ADA 五号车间

"ADA 艺术与建筑论坛"系列学术活动宣讲版块,梁琛《时空意志》4:《》万物、黑色、黑暗、虚无",ADA 五号车间

建筑与地域研究所主持人华黎,参加 2018 第 16 届威尼斯建筑双年展中国馆展览"我们的乡村"

建筑与自然光研究所主持人董功,参加 2018 第 16 届威尼斯建筑双年展

"ADA 艺术与建筑论坛"系列学术活动宣讲版块,李喆《聚落与空间》1:聚落的视角",ADA 五号车间

建筑设计艺术 (ADA) 研究中心于北京大学成立 PKU-ADA 研究中心

"ADA 艺术与建筑论坛"系列学术活动宣讲版块,张捷平"《聚落

"ADA 艺术与建筑论坛"系列学术活动宣讲版块,赵朴真"走向现代1:落后的建筑—19世纪至20世纪初",ADA 五号车间

"ADA 艺术与建筑论坛"系列学术活动宣讲版块,黄伋"《现代生活的画家》1:现代生活的画家",ADA 五号车间

"ADA 艺术与建筑论坛"系列学术活动宣讲版块,李喆《聚落与空间》3:空间与幻想",ADA 五号车间

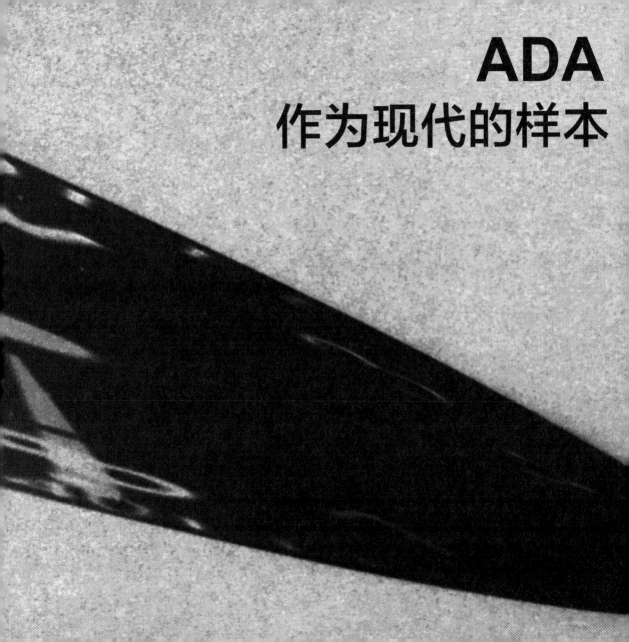

ADA
作为现代的样本

赵冠男：首先想了解 ADA 研究中心成立的背景，以及机构成立时的构想与思考。

王昀：ADA 研究中心成立时的大背景，刚好是北京建筑工程学院刚刚改为大学，当时学校联系到我，希望我能够为母校做点贡献。正好有这么一个契机，就在北建大成立了建筑设计艺术研究中心，也就是 ADA 研究中心。

之所以选择在大学里成立一个独立的 ADA 研究中心，是由于我认为目前中国的建筑教育本身始终存在着一个特别大的问题，就是模式统一化、方式均一化。

以前我们上学的 20 世纪 80 年代的时候，刚刚恢复高考，建筑学这一学科在经历了十年的断层后突然又被重新提起也不过就是几年的时间，国家又面临大规模建设，需要培养大量建筑设计人才。在这样的前提下，全国的建筑学教育便在这个过程中逐步恢复和重新建立起来。除了当时的老八校，其余院校大多是重新恢复或刚刚组建，也大多没有那么明确的方向，各个学校都在摸索，试图重新确立建筑学教学体系。在这样的情形下，其实那个时候各个院校都在拼命地探讨新的东西，由于没有统一的标准，教师也来自四面八方，因此，客观上造成了学校之间彼此不同的特色。

时隔三十多年后，建筑教育统一和正规了，建筑学也有了正规的评估体系。后发院校也在正规的方向和目标指引下，加上市场的主导，大多以为设计院培养能够迅速适应工作的建筑师为目的。均一化的倾向感觉非常突出。

另外，就是随着建筑学教育的正规化，所有大学里的教师都必须有博士学位。教学的评价机制有论文发表的数量和质量的要求。那么学术地位的高低的评判也就变成了发表类似于 SCI 评价体系的论文，这种以科学论文数量作为评定的方式就更把建筑学引向了在我看来像"学问"而偏离了建筑学教育目的的轨道。

我感觉建筑教育其实需要尝试一种不同的组合的方式，于是就想把在建筑界有思想、有作品、有观点、有立场的、有意思的人聚集在一块儿，使之成为一个新的教学团体，形成一个中心来做教学和研究方面的探索和工作，作为目前建筑学教育的一个新的思路与新的尝试。

从整个架构上，中心希望从一个大的角度，把重要的理论问题、设计问题，从研究方向上有所梳理，以不同研究方向主持人个人的兴趣点和主线来进行每一个研究方向的设立。因为 ADA 所聚集的老师都是在业界的某一方向上很有成就的个体，他们这些个体所关心的问题，其实就是社会上亟需要解决的问题。

赵冠男：你刚刚谈到 20 世纪 80 年代的国内建筑学教育是重新开始的状态。大家也是摸着石头过河，聚集了各方人士在一块儿形成了一个体系。人的差别使得当时各院校的教学是有特色的。但后来评价体系将差异逐步消除，形成了均一化局面。这么看来,是否可以这样理解,成立 ADA 中心是试图做与重新开始阶段相同的事情,在已有的建筑学的教学体系之外,再把各种各样的丰富力量、在实践中有着不同方向思考的个人聚集到一块儿,形成一个具有内在多样性的中心呢?

王昀:当说到要回母校做一个中心的时候,我想到了母校曾经存在过的一种开放的传统,也就是我个人在建工学院曾经经历过的学习历程,而这种开放实际上还是由于当时学校刚刚成立建筑学专业,同时其实还是由于师资的不足而不得不采取的态度。

记得我们读书的时候,向外面求援是建工学院建筑系的常态。每一个设计课题都是请当时北京市建筑设计设计院、中国建设部院、规划设计院等单位的著名建筑师到学校来授课并担任指导教师。于是那个时候感觉学校里面的老师和设计院的老师之间最大的不同就是设计院的这些老师能从实践的角度把建筑当中的一些非常关键的点指出来。当然现在看来,这些关键点或许并不是建筑学意义上的做建筑的关键点,可是在具体的空间处理中,学校里的有些老师认为不好判断的时候,设计院的老师会以其丰富的工程经验而不教条地给出解决方案的指导,会有一种非常轻松的状态。由于当时这种不完善的状态,系里还会从设计院甚至其他院校聘请老师来参与其他方面的教学。比如我们当时的建筑史就是请清华的陈志华老师来讲授的。同时,学校当时还举办各种讲座,只要有视野不同的人到北京来,就会马上请来讲座。有的老师或建筑师刚从国外回来,学校就会马上邀请他带着上千张的幻灯片来学校讲座,为大家拉洋片开眼界。

这种事情现在看来会感觉很错乱,因为缺老师,估计现在评估也通不过,但现在看来,当时只要老师是有水平的,请他到学校给学生授课,其实就也在教这个学校的其他老师。我认为这个事是特别有意义的。由于经历过一系列这样的事情,可以看到其实对 ADA 中心的设想是和我个人在建工学院上学期间经历过的当时那种特别开放、不保守、谦虚以及乐于包容吸收的一个时代的经历有直接关联。

相比我曾经经历的这种不完善的开放状态而言,随着时代的变迁,建筑学教育在很多方面形成了自我循环的状态。换句话来讲,就是老师的数量满足自我循环的时候,就会带来一种惰性,不会再有机会和可能性把外面的人员重新吸纳进来。由此,如果在地理空间条件允许的范围内,ADA 尽可能地把全国最优秀的并且不属于任何大的机构的学者聚集起来,会有更大的活力。目前 ADA 所汇聚的学者,他们都是依靠自身的努力,在社会上赢得了广泛的声誉和认可。我相信他们既然收获了相应的认可,那么每个人身上一定有宝贵的和闪光的东西。如果他们成为建筑学教育的新的力量,一定会让更多的学生从这些不同的老师身上收获不同的知识财富。如果在一个学校里面能够容纳和包容这样多样性的教师们存在,我想对于学生找到自己的视点和自己所走的方向,是有着十分重要的帮助的。

在我看来,所谓的教育不是传达知识,因为知识是很容易过时的。比如我们上学时候学的建筑构造,现在就已经被新的技术和节点方法所替代了。一种固定的传授的知识随着时间会变得很弱,重要性也会下降。

那么教育中重要的是什么呢?我认为就是让学生在大学里能够找到一种方向和一个自己认为正确的道路,同时掌握一套学习的方法。而方法更多的是在实践和演示的过程中获得的,所以我想在那些成功的学者和建筑师的身上,一定有他们自己对一个问题理解的启发性的视点。

赵冠男:没有想到 ADA 与您自身求学经历的关系。下一个问题是, ADA 介入学校是一个点状的机构与整个学院大的教育体系间的关系。一般新的内容介入有两个方式,一种是进行修补或补足,另一种方式是开凿式的,是以一个点对封闭性的对抗。您认为 ADA 更倾向于哪种介入方式呢?

王昀:我认为有所相似,又有所不同。从聚落的视点来看,ADA 更像是一个客家民居的状态,就是说,在一个已经有了既有的其他民族的聚居地上客居下来。当然这种客居的一群人就被当地的原有居民称为"客家",也就是所谓的客家族,但是客家族并不是少数民族,而是正宗的"汉族"。当然,客家族最开始客居他乡时,一定会遭受排挤和攻击。尽管他们最终会在这里面和谐地生活,然后彼此之间也认同这种特点与差异。

社会当中有很多已经板结成固定村落的民居式的状态,原有固定封闭的聚落之间形成互相的交流、融合与牵动,对整个社会的前进是特别大的动力。包容不同,我认为是这个世界得以丰富、发展的非常重要的动力,不是谁一定要灭掉谁,而是相互并存,同时互相之间又看到彼此的优点并弥补自身的不足。我认为允许这种多样性的存在是需要胸怀的,也是需要有智慧的。

我认为目前我们的建筑学教育已经完成了共同幻想的建立,评价体系对未来的期待结成了一个共识。如果从这个角度来讲,ADA 内部对建筑、设计、艺术的教育问题是没有共同幻想的,而是一种存在共同文化志向的人在这里聚集。从这个意义上来判断,我想说的是,ADA 实际上最终形成的不是一个村落,而是一个城市。ADA 研究中心聚集的这些老师,都是游牧于不同地方狩猎的个体,他们建立了自己特有的文化状态。彼此间,每个人就是一个族群,就是一个社会。ADA 的这种聚集模式更像是现代的城市当中,对于来自不同地方,从事不同职业的人的包容的胸襟,每一个不同幻想、不同目标和方向的人共同聚在一个文化氛围当中,形成一个没有共同幻想的城市状态。我认为这一点其实是一个现代城市得以成立的原点。

从我们认识到的从乡村到城市的发展过程来试想,如果在很多板结的乡村板块当中,突然出现了这么一个城市形态,我认为它一定会对乡村产生一个积极力量上的牵动。那么乡村里的人,会渐愿意逃离乡村，加入到城市生活当中来，当然也不排除有可能将城市毁掉。

另外，我认为 ADA 的组建方式有点像我做聚落研究时候的一个办法，就是需要找样本。一个系统中不需要相同样本存在，而是需要不同样本的集合。这一特征其实是现代性跟传统的一个不同之处，传统的状态是希望大家统一，形成一个固化整体，这种状态是家族式的，如果出现不同则为异类。可是我认为现代的社会是在心灵上和物理上都给彼此留有空间的状态。这无论是对于教育还是对于社会中的人和人的关系都是弥足珍贵的状态。在这样的现代状态下，重要的是样本，通过选取独立样本后的共存模式，会是一种构成丰富，同时彼此互补，或者是力量叠加的构架。

在这样的教育者构架中，受教育者会及时地发现自己的特点和自己的长处与短处。你会在这个架构里迅速地发展和成长。因为不同的样本会流露出不同的营养，有着各自不同的力量。受这种架构影响的年轻人，我认为如果能够综合这样的一种状态，它有可能会成为一个更具有综合性的新生力量。因为任何被平均了的状态，就是最没有生气的一个状态。矛盾互相之间的纠葛的存在，最能让事物向前发展。我认为这是 ADA 坚持的重要的一点，老师是在不同的方向上最有代表性的样本，他们集合起来构成的团体，是希望能够让学生看到不同样本和谐共处的一种具有现代性的状态。

赵冠男：您强调 ADA 中心对各位老师的聚集是一种城市式的，而不是乡村式的？

王昀：对，在学院的教学体系中的共同的契约、共同的幻想，是 ADA 内部所没有的。ADA 的聚集模式是希望把散落在世界各地的，但又愿意在一块儿聚会的个人进行联系，每个人都并不依赖群体，是独立的人，具有独立的人格，独立的精神。每个人的研究方向彼此绝不重合，研究方向都是单独的。这就像城市当中绝不可能像乡村一样所有的人都做相同的事情。城市里就是离散的分工个体的系统聚集，从这个角度看 ADA 是一种城市的存在。

赵冠男：ADA 作为一个独立的机构其自身内部的人之间，以及 ADA 作为一个整体与北京建筑大学的大体系之间，你觉得都能存在您刚刚提到的那种相互间的空间吗？

王昀：你提到了两个问题，一个是我们 ADA 研究中心的内部状态。从我个人来讲，虽然在行政上我是中心的主任，但是这个中心本身不存在权力执行者，"主任"是这个集体的一个维护者，或者说维修者。我会跟老师们举例说，我作为主任是给大家看家护院的。所有的老师是我们 ADA 的高僧，是我们请来的施教者。所以我个人在 ADA 的身份就会比较复杂，一方面是 ADA 中心的一名老师和现代建筑研究所的主持人，同时还需要照顾好每个老师诉求并看家护院。这样的一个状态，我认为特别是在一个教育机构里，是非常重要的。当我作为中心的主任时，我会认为各位老师都比我要高一格。因为我认为老师在个人都身怀绝技，他们所擅长的那个领域都是我不擅长的领域。在我的心目当中他们都是高人，我会在他们所擅长的领域对他们崇敬。

所以，ADA 中心内部并不存在等级、命令与执行的关系。每一个老师都根据他们所关心的事物来设定自己所要讲的内容。如果我们的学生在中心里面能从不同的老师那里获得对同一个事物的不同观点的话，会是很最重要的收获。老师们的观点不能相互认同或者是极端相悖是没有问题的。从聚落的视点来讲还是多样性的样本问题，正如这个世界当中有不同的宗教存在，而从现代的观点看，就是我可以不同意你，我们保持距离，但是我没有权利和理由去阻止。相反，你如果想要影响他，手段就是让自身的观点和理论变得更有吸引力。

另外一个问题，就是你刚刚实际上提到目前中国这样的一个条件下，ADA 是否能够存活的问题。在我看来，ADA 中心能成立就已经是一个不可想象的事情了。因为这个组织里的老师有独立的状态，受聘于学校，但不一定隶属于学校。这样一种拥有独立的学术空间的状态，我认为在整个中国来讲是一个创新。从这一点上说，ADA 研究中心是中国建筑教育当中的一个样本。

我认为这样的一种样本，在短短的三年当中，确实表现出一种活力。每一个老师的讲演和所有的学术活动，已不仅仅是面向学校，同时所有的学术活动也是面向社会的。本科生、研究生、设计院的建筑师们，以及社会上对建筑感兴趣的人，都会赶来参加。甚至会有从外地譬如天津大学专程坐火车前来听讲座的老师和同学，我认为这一点其实恰恰证明了一个非常有意思的现象，老师宣扬一个自己独立的观点时却从不同的村落当中吸引了对这一个观点感兴趣的人聚集到这么一个场所中来。而这个聚集本身又是非常城市化、具有现代性的状态。ADA 聚集了不同的老师，老师个体又聚集了不同的人群，这样的一层一层的结构关系是一个非常有意思的状态。

当然，ADA 其实也面临一些质疑的声音，比如会质疑这些老师究竟属于哪里，为什么要到我们的村落里面来生活呢？但是我认为这样的声音，第一是由于质疑者的心态不够开放，第二是还没有经过现代生活的开化。我理解这就像是村落中来了异族人，当担心异族有可能会跟村落的人发生冲突时，可能会挥动长矛和大刀去冲击异族。可是我想作为异族人的群体，只要保持开放的心态，只要认为任何一个鲁莽的行动在未来都可能会得到教化的话，那么我认为这种一时的误解或伤害是可以通过时间和不断的文明的递进而得以消减的。

赵冠男：您刚刚说到 ADA 的一种样本方式，是聚集多种多样的智慧到一个地方。听起来特别像是一种网络化的方式，获取智慧的时候甚至你并不知道账号背后实际的个体是谁，但是他的智慧作为样本会对你造成一个影响。

王昀：其实你刚才说的这个提醒了我一点，我认为 ADA 存在的首要基础是人的存在，我认为老师们的这些研究方向、看问题的视角,不应该成为 ADA 的一个固定模式。未来即使这些老师们退休了,ADA 可能更替新的人加入时,原有的方向可能延续也可能就不存在了。那这样也不要紧,因为 ADA 应该是一种模式,是一个开放的平台。我们希望的,首先是这个老师要有观点、有力量,他的研究方向可以是全新的、独立于既有的和已存的各个方向的。我想如果将方向的固定性看得过重的话,就又陷入了古典思维的局限中。现代的世界,研究什么对象物并不重要,重要的是人面对这些对象物的时候如何去分析它、解决它,以及在创作的时候,创作的过程是怎么样的。归根到底,一种构造性的架构模式和现代的观念是 ADA 所看重的。表面的形式只是这些构造性的一个具体结果的表象而已。

同时,你提示这个很重要,ADA 如果在未来能够超越实体,虚拟地使得老师们的智慧结合在一块儿,可能是一个更加有意思的状态吧。

赵冠男:其实 ADA 最终的理想状态还是希望成为一种状态或者说一种观念性的指向,而不是一个固定的机构?

王昀:是,ADA 作为一个教学机构的实体可能就是 LOGO 所表示的这三个字。老师不一定天天在 ADA 这个办公楼里面办公,或者说不是每天都要在这里聚会。他们可以在任何一个地点,只要他们所有的研究成果和思考,能从 ADA 的视角来把它汇集起来,用文字、图片、方案以及个人演讲的形式呈现出来,就是最期待的结果。

那我在想,如果学校用同样的成本,而接受教育者却不仅是涵盖学校自身范围的学生,同时还让社会更多的人能够受益的话,我认为这样也是让社会的资源得到最大的发挥。所以我认为学校不是一定要有边界,现在教育中存在的围墙不仅仅是物理的,更是观念上的围墙。我认为这是现代教育当中的一个非常值得思考的事情。将物理的围墙打掉很容易,但是将人对教育的观念上的围墙打开,将可能是一个非常漫长的事情。

但也正是基于这样的思考,ADA 想先打破这个围墙,让从传统规定上看不符合必须要有博士学位才能成为老师的人成为老师,让这些从规定上看没有资格的,但是却更加具有真本领的人成为老师。在选取老师的时候,强调人的重要性,而不是贴在这个人身上的标签,我觉得这是很重要的。

赵冠男:您刚才提到,ADA 的老师目前是以讲座的方式来展开教育工作。我想就这个情况了解两个问题,首先想了解,在您最初的设想中,是希望老师们的教学工作能够有固定的学生或者固定的课程来展开,还是一开始就希望以讲座的方式展开呢?

另外希望了解,在您刚刚提到的 ADA 所试图打开的教师资格规则的限制中,其实我感觉到了一个矛盾点,就是在国家倡导教育与社会的关系,教师不能只教书本知识,需要具备真正的能力的同时,关于高校教师需要具备博士学位的要求,从一定意义上将社会上一批顶级的实践者隔绝在下了。特别是在建筑这类专业领域，实践者往往没有学位认定，而具备学位的人又普遍缺乏实践的能力。这样的一种教育对于成果和人才的期待与教育中教师选择规则之间的冲突的问题，您是怎么看的呢？

王昀：两个部分，第一是 ADA 还在发展的过程当中，老师的公开课只是一个方向，更重要的是希望有学生能够加入到老师的研究环境当中，跟着老师一块儿去看一个问题，分析问题。因为知识的学习需要在课堂上完成。那么大学老师在过去看来就是一个传授知识的状态。可是对于建筑学来讲，知识的传授只是一个部分，更重要的部分是实践，同时，实践也并非参与画图的过程。所谓实践的教学是一个过程的体会，是面对一个问题时，老师解决问题的过程当中所带给学生的这种示范性，这是课本当中没法学到的。

我认为知识传递是很重要的，现在获得知识的手段也已经从根本上发生变化。以前你必须拿着笔进到课堂里听老师来讲，后来随着社会的发展，在 20 世纪 80 年代中国出现了电大，就是早期媒体传媒教育的一个先驱，一个老师在演播室里面讲，全国各地的学生都可以通过屏幕来接受知识。现在电大已经被网络代替了，学生可以不在一个指定地点，而是随时随地都可以学。这种知识性的教育的传播渠道已经远远超越了教室的范围。但是有一个问题，就是人之间的这种接触是被隔开的。过去我们讲的老师带徒弟中一个重要的教育内容就无法实现了。徒弟跟着老师除了学习解决问题，更重要的是什么呢？就是老师在解决那个问题的时候究竟什么地方是犹豫的，什么地方是果断的，什么地方是试过错的。这种微妙过程的体验，是人与人能物理真正接触时最重要的。因为这是一种气息的教育或传承。这种气息的传承可能比具体的手艺更重要。我认为 ADA 其实还是希望学生有机会到每一个老师的身边去获得这样的一种气息，这种气息式的教育可能会超越所有的知识性的教学。让学生在年纪轻轻时便可以选择进到不同的研究室里面去实践、去思考，我认为这是很重要的一个事情。

我们认同建筑学当中理论研究的重要性，但是现在建筑教育当中排斥在社会一线实践的老师进入学校这件事是很可惜的。实践者与在校的专职教师本并不冲突，他们在整个教育体系中应该负责不同的分工。如果是为了系统的稳定性，拒绝社会上实践成功的人，可能是非常糟糕的事情。

赵冠男：ADA 如果向着更加理想或者说更加天地广阔的空间发展的话，其实需要的是更开放的心态和现代的眼光？是否可以理解为在智慧和教育面前，并不存在隶属的关系，也不存在对立的问题，而重要的是一种多样性的互补和互相的滋养？

王昀：我认为 ADA 最理想的状态，有可能是跨地域，甚至是跨国家的一种样本式大学。我们只会关心样本的独特性，通过样本能够带动起一类事物的时候，我认为这个样本就会变得有意义。如果说未来的大学教育，随着全球化，消除了我在语言上的障碍时,可以把大学看成是人类共同的智慧的集群的话,那么我感觉一种抛开了君臣间所属概念,把所有的研究者作为人类共通的思维个体样本时,每个智慧样本就可以成为一个坐标点,当世界上所有这些解决建筑问题的智慧样本都能以坐标点的方式定位在一个平台上的时候,我认为这个平台就叫 ADA。目前的样本虽然有着地域、语言等方面的局限,但是随着语言翻译系统的自动化,ADA 作为一种建立一个人类智慧大平台的指向是未来的理想,同时也是一个可能实现的理想。

赵冠男:刚才您所描绘的 ADA,已经通过这样的样本聚集,在实验着具有更大可能性的抽象的 ADA 模式。感觉抽象的 ADA 模式可能就成了一个试纸,刚好它的状态可以作为一个滑动的标尺,通过它自身的状态,显现出它所处大环境的开放和封闭状态。

王昀:是,ADA 更希望的是呈现一个状态,阐明其实建筑学的教育还可以这样做。我们不是要否定现在的这一切,但是我们需要表达和尝试另一种方式的可能性,并且想试着说明,完全可以用一种最简单的方式、最简单的结构,把一个复杂的问题解决掉。

赵冠男:ADA 最理想的状态也需要一个完全现代性的和完全开放的状态,那将会是 ADA 的这种模式能够得以最理想呈现的条件?

王昀:当然,ADA 其实还面临着发展路途上的很多困难,这种困难其实来自于固化体系的不理解。

赵冠男:可以想象到那时,根据人们的不同需要每个人都可以找到端口去吸取云团里面的智慧。那么有一个问题就是人类的智慧如果已经形成了云团,为什么会选择 ADA 这样一个接口的主题呢?

王昀:我的想法就是这个世界在结构层面上都是一致的,可能有一个最本质的结构。我们古人讲一沙一世界,这个概念其实足以解释 ADA。如果说我们未来的大学是一个世界,那么 ADA 就是一个沙粒,它是一个小世界,而这个小世界里面呈现的所有问题和方法,其实和大世界是相同的。

就好像我们的家庭、城市、集体,从某种意义上都是一种同构的状态。封建的家庭里是君臣关系,要求的是一种绝对的服从。可是现在的家庭变得允许父子之间的平等,彼此之间不再是所属关系,而是每个成员都被作为一个独立的人来看待,现代的大学结构也是同样。回过来再强调一下,ADA 想做的还是这样一个事情,就是每一个老师都是平等的,即便设有主任的职务也是用于服务大家,没有领导的概念。我认为将来云端大学里也需要有一个人去负责这些信息的更换、发布和管理,总需要有这样的人。但我认为这样的人不是领导,而是一个简单的体力劳动者。所以说一个领导由最简单的体力劳动者就足以担当起来,只要他有为大家服务的热情,乐于为大家赵冠男：还回到关于 ADA 本身的一个最基本的问题，就是 ADA 中心为什么是建筑、设计、艺术三者并立的一个思考？这里同样还包含着另外一个问题，就是从老师的构成上来讲，无论是理论还是实践者，老师们大部分还是与建筑直接相关，那么这样的构成有着怎样的思考？

王昀：首先刚才讲的大理想，还是要落地。我们谈世界的时候一定是抽象的，但是看沙粒一定是具体的。我认为扎扎实实地从一个最基本的事情做起很重要，因为世界就是由沙粒的结合而形成的。在这个小沙粒里面，因为我们是学建筑的，所以其构成核心自然就呈现了这样的状态。

另外一个问题，在目前来讲，建筑、设计和艺术在不断地被学科划分而彼此分离的时候，其实反而值得去关注这三者之间的共通性，特别是建筑和艺术之间彼此的一种密切的连带关系。我认为强调建筑和艺术的关联性，必将会从整体的观念上对所有的老师和学生起到一个积极的作用。因为艺术是人类追求的最高境界，艺术本身是一个更加整体的概念，我认为这种整体性，对我们现在这个学科的细分所导致的纠结和目标的模糊很有帮助。我认为大的气氛和整体的感受是艺术性的。这种气氛和艺术的感受如何去获取，如何去呈现，恰恰是 ADA 想要做的。就是说我们更关注的不是某一个点的东西，而是老师在教学中要传递的是一种气息，是一种气氛的传达。这种气氛的传达听起来很抽象，但是它是处在所有点之上的一个更大的存在，这里面已经包含了所有点。换句话来讲，就是每个点可能都要做到细致，但对于整体性的理解反而是我们现在这个社会所缺失的。这种整体性的缺失反映到建筑里面，你会发现整体性的价值变成了某个局部的节点，或者某个方向性的思考。这种整体性缺失的状态，让它已经忘了对整个气息和整体气氛进行营造的概念。

我们目前由于刚成立几年的时间，其实还希望能够有更多搞艺术、哲学、心理学、人文科学的人作为一个个点加入进来。但是关于这个点的选择，我认为很重要的一个原则是他一定是这个领域的高水准。如果能够进一步拓展多样性，可能气氛的营造会更好。就如你刚才说的那种云端的状态，云不只是某一个水滴，而是一团里面所包含的整个状态。我相信 ADA 这几年已经向建筑界和社会传递了某种气息，或者是某种感觉。这种感觉恰恰是这些老师个人的魅力，每个人个人的成就的组合，向社会传递了一个整体的感受。所以我认为整体的气息不是抽象的，它的确立是由每个个体的气息所共同组成的一种感觉。如果问 ADA 的整体气息是什么，我会说不知道。为什么不知道呢？因为那种感觉是需要从每个老师个人的气息中体会过后的整体，就是 ADA 的气息。我们不希望 ADA 有一个固定的具象的气息的表述，在不同的时间点，由于新的老师的加入，或者新的方向的呈现，这个气息会随之发生变化，我认为这才是与时俱进的有效的方式。

赵冠男：最后一个问题，在 ADA 三年多的发展中从整体的环境来看，您觉得机遇和阻力会是怎么样的情况？

王昀：我想对于所有的事情，机遇都只是瞬间的，机遇出现了以后，之后所有的一切其实都会是阻力和困难。所以我也不太相信有机遇就会成功。现在来谈呢，其实我觉得还比较早，因为 ADA 刚成立三年的时间，发展的过程当中要面对和克服阻力是必要的一个事情。我觉得更重要的一点，就是 ADA 离不开社会的发展阶段，包括人的意识和周围环境的变化。无论它未来发展如何，它曾经的成立和存在，在这个时代和这个时间节点上，是必须有人去做的一件事。这一点我认为要比期待成功更重要，我们希望能够成功，但是如果失败，其实更是为了给未来的人留下一个未来可以成功的参考经验。或者说由于失败，或许才会让人感觉到它的价值，如当年的包豪斯，纳粹政权上台后迫使其解散并使得包豪斯消亡，反而让人们发现其曾经的价值。

感谢中央美术学院设计学院第五工作室对本书版式设计工作的支持。

图书在版编目（CIP）数据

塌缩 / ADA研究中心著. -- 北京：中国电力出版社，2018.10
ISBN 978-7-5198-2330-6

Ⅰ.①塌… Ⅱ.①A… Ⅲ.①建筑设计－研究 Ⅳ.①TU2

中国版本图书馆CIP数据核字(2018)第185124号

本教材受北京建筑大学设计学学科建设项目资助出版

出版发行：中国电力出版社出版发行
地　　址：北京市东城区北京站西街19号 100005
网　　址：http://www.cepp.sgcc.com.cn
责任编辑：王　倩
封面设计：ADA研究中心
版式设计：赵冠男　张捍平
责任印制：杨晓东
责任校对：常燕昆　太兴华
印　　刷：北京雅昌艺术印刷有限公司印制
版　　次：2018年10月第一版
印　　次：2018年10月第一次印刷
开　　本：787mm×1092mm 1/16
印　　张：37 印张
字　　数：510千字
印　　数：600册
定　　价：260.00元